V. 2389

O.

21764

PETIT TRAITÉ

DE GNOMONIQUE,

OU

L'ART DE TRACER LES CADRANS
SOLAIRES,

Par M. POLONCEAU, C. R. Prieur-
Curé de Lucé, près Chartres,

Avec Figures, gravées par l'Auteur.

A PARIS,

Chez LESCLAPART, Libraire de MONSIEUR,
Frere du Roi, rue du Roule, N°. 11, près du
Pont-Neuf.

M. DCC. LXXXVIII.

AVEC APPROBATION ET PERMISSION.

A MONSIEUR

DE BELBEUF,

PROCUREUR-GÉNÉRAL

DU PARLEMENT DE NORMANDIE.

MONSIEUR,

LES bontés dont vous m'avez comblé ; la protection que vous avez toujours accordée aux Arts & aux Sciences, que vous aimez, me font espérer que vous voudrez bien rece-

*

voir l'hommage d'un petit Traité de Gnomonique, où j'ai raſſemblé ce qu'il y a de
plus intéreſſant. J'ai cherché, par des méthodes particulieres, à en rendre l'exécu-
tion facile, ſur-tout pour une grande Méridienne & les Cadrans verticaux déclinants.
Je ſerai bien moins redevable du ſuccès à
mes foibles talents, qu'à votre approbation:
puiſſé-je la mériter, & vous convaincre de
ma juſte reconnoiſſance & du profond reſ-
pect avec lequel je ſuis,

MONSIEUR,

Votre très-humble & très-
obéiſſant Serviteur,
POLONCEAU, P. C. de Lucé.

AVIS AU LECTEUR.

Corrections & Additions à faire avant de lire le présent Traité.

Page 3, ligne 15, *ajoutez*, font par conféquent.

Page 5, ligne 2, après Cadran, *ajoutez*, tracer une.

Page 9, lignes 3 & 4, *au lieu de* 12 divifions, *lifez* 6 divifions égales de 60 dégrés chacune : divifez-les en fix.

Page 11, l'avant-derniere ligne, *au lieu de* & le point milieu, *lifez*, & par le point milieu.

Page 16, ligne 3, *lifez*, le marquera, *au lieu de* la marquera.

Page 26, lignes 5 & 6, *au lieu de* couchant, *lifez*, levant ; & à la ligne fuivante, *lifez*, du couchant.

Page 40, ligne 12, après le mot Méridienne, *ajoutez*, & le point I.

Page 41, ligne 16, après le mot l'autre, *ajoutez*, coupant la ligne.

A la même page, avant-derniere ligne, *lifez*, au lieu de G par F, G par E.

Page 48, ligne 18, *lifez*, du demi-cercle, *au lieu* du cercle.

Page 61, ligne 9, *lifez*, celle qui paffe, *au lieu de* celles qui paffent.

PRÉFACE.

AYANT pratiqué, dès ma plus tendre jeuneffe, la Gnomonique, d'après nombre d'Auteurs qui en ont traité favamment, je me fuis apperçu que plufieurs étoient hors de la portée des ouvriers, & d'un grand nombre de perfonnes, qui n'ont nulle connoiffance de la Géométrie; que les inftruments néceffaires pour les conftruire parfaitement, étoient fort chers; que fi on fe bornoit à les tracer fans calcul, feulement par des regles géométriques, rarement on en feroit de juftes; que les Livres qui traitent de cette matiere, étant la plupart volumineux, par conféquent chers, je me fuis propofé de donner ce petit Traité, fruit de mes loifirs. Je ne donne que des pratiques extrémement aifées; il ne faut que peu d'inftruments : les feuls qui pourroient occafionner quelque dépenfe, font le rap-

porteur, ou demi-cercle, ayant une regle
à son centre; de bons compas, sur-tout
un avec un quart de cercle gradué; des
regles de différentes grandeurs; une petite
baguette à coulisse, construite comme je
le dirai dans le courant de l'Ouvrage.
Avec ce peu d'instruments, on opérera
tous les Cadrans dont je donne la description. Je me suis borné à n'en décrire
qu'un petit nombre : je ne donne pas la
description des Cadrans orientaux & oc-
cidentaux, parce qu'on ne les trace que
très-rarement. D'ailleurs, si on veut les
faire, on le peut, par le moyen du Gnomon, puisqu'il n'exige, par ma méthode,
aucune connoissance de la déclinaison des
plans, ne consistant qu'à marquer des
points sur le mur en différents mois de
l'année, & de tracer, par ces points, des
lignes horaires. J'ai choisi, de préférence,
le Gnomon, qui marque seulement par
un point, au lieu du style ou axe, qui exige une infinité d'opérations : il faut trouver les centres, les angles des heures, les

fouftilaires., placer l'axe ou aiguille du Cadran, une multitude de lignes : d'ailleurs, il faudroit beaucoup d'inftruments. La moindre erreur dans une feule ligne, rendroit toutes les opérations fauffes.

J'ai cherché à perfectionner les opérations, à les rendre extrémement faciles, à la portée des ouvriers les moins intelligents. Je donne cependant deux manieres de tracer géométriquement les Cadrans déclinants, pour ceux qui ne voudront pas s'affujettir à être plufieurs mois à finir un Cadran par des points d'ombre. Mais fi on veut comparer ces deux méthodes, ils jugeront que celle par des points d'ombre, eft la plus jufte & la moins embarraffante.

Je fouhaite que ce petit Traité puiffe plaire & amufer. Dans les campagnes, les châteaux fur-tout, on eft embarraffé pour fe procurer un bon Cadran.

Je fuis perfuadé que quiconque voudra fe donner la peine de fe fervir des méthodes que je donne, réuffira parfaitement fur-tout pour faire de bonnes méridiennes.

Je ne me flatte pas d'avoir donné en tout du nouveau ; ce qui n'eft pas de moi, appartient à des principes communs à tous les Auteurs. Je me fuis attaché particuliérement à être clair & concis : je défire feulement qu'on me fache gré d'avoir réuni dans un petit volume, ce qui eft le plus néceffaire & le plus agréable. J'ai hafardé de graver moi-même les Planches.

N'ayant pas l'ufage du burin, elles n'ont pas la perfection qu'elles pourroient avoir, étant gravées par de bons Artiftes. Je n'ai pu me refufer ce plaifir. D'ailleurs, étant fixé dans la Province par mon état, il ne m'étoit pas facile de faire autrement.

PETIT TRAITÉ

DE GNOMONIQUE.

CHAPITRE PREMIER.

Notions préliminaires.

Il est nécessaire, pour apprendre à tracer les Cadrans, de connoître les termes de cet Art.

Article premier. *De l'Horizontale.*

C'est une parallele à l'horizon, ou un plan mis de niveau, ne penchant, ni d'un côté, ni d'un autre.

Art. II. *De la Perpendiculaire.*

C'est une ligne qui tombe sur une autre à angle droit : dans telle position qu'elle soit, elle donne nécessairement deux angles droits de 90 dégrés.

Art. III. *De la Verticale.*

Elle signifie toujours une ligne d'à plomb, comme feroit la chute naturelle d'un fil, auquel on attacheroit une pierre.

Aʀᴛ. IV. *De la Parallele à une autre ligne.*

C'eſt-à-dire, qu'elle eſt toujours également diſtante de l'autre dans toute ſa longueur; de ſorte que prolongées, elles ne ſe rencontreroient jamais.

Aʀᴛ. V. *De la circonférence d'un Cercle.*

C'eſt la ligne courbe que décrit une des pointes d'un compas, dont l'autre pointe eſt à un point qu'on nomme centre, toujours indiviſible. Le cercle ſe diviſe en 360 parties égales, ou dégrés; le dégré en 60 minutes; la minute en 60 ſecondes : les dégrés s'écrivent par leurs nombres; les minutes par un petit trait; les ſecondes par deux, comme 40 dégrés 30′. 20″.

Aʀᴛ. VI. *Du diametre du Cercle.*

C'eſt une ligne droite qui paſſe par le centre, & aboutit des deux côtés à la circonférence, & partage le cercle par la moitié, & donne 180 dégrés de chaque côté. Si on tire une perpendiculaire deſſus ce diametre, elle partagera le cercle en quatre parties égales, qui vaudront chacune 90 dégrés, & donneront quatre angles droits. La moitié de cette ligne, à partir du centre, s'appelle rayon. Pour diviſer un cercle en 360 parties égales, ſans changer l'ouverture du compas qui vous a fervi à le tracer, faites parcourir les pointes fur la circonférence, fans trop appuyer; elles vous donneront 12 divifions égales de 30 dégrés chacune; divifez-les en trois pour dix dégrés; ainfi du refte.

Art. VII. *De l'Arc.*

L'arc eft la portion de la circonférence qui fe trouve entre deux lignes ou rayons qui, partant du centre, y aboutiffent.

Art. VIII. *De l'Angle.*

Ce font deux lignes qui fe touchent d'un côté. Ce point de rencontre s'appelle le fommet de l'angle, qui repréfente toujours le centre du cercle, & fes côtés donnent, felon leurs ouvertures, une portion de dégrés de la totalité du cercle.

On diftingue entre angle aigu & angle obtus : l'aigu a toujours moins de 90 dégrés; l'obtus, au contraire, plus de 90.

Art. IX. *Du Triangle.*

Le triangle eft compofé de trois lignes, qui fe terminent par leurs fommets : ils forment trois angles différents & trois côtés : les trois enfemble valent toujours entr'eux la moitié du cercle, c'eft-à-dire, 180 dégrés. On diftingue plufieurs efpeces de triangles : on appelle triangle rectangle, celui qui a un de fes angles droit. La ligne qui ferme cet angle, s'appelle hypoténuse. Le triangle équilatéral est celui dont les trois côtés font égaux, & les trois lignes, nécessairement de même longueur, produisant des angles de même valeur.

CHAPITRE II.

Du Gnomon.

C'EST une plaque ronde de fer ou de cuivre, à laquelle, quand on veut faire de la dépense, on donne la figure d'un soleil; on le fait même dorer; il doit être grand, à proportion du plan, comme d'un pied, pour un grand Cadran sur une muraille. On perce en son milieu un trou bien rond; on lui donne, pour un grand Cadran ou une Méridienne, cinq à six lignes de diametre; diminuez-le à proportion de la petitesse du Cadran. Pour le plus petit, une ligne suffit : on attachera cette plaque ronde à une branche de fer, qu'on fend à son extrémité : on lui donne la forme d'un croissant ouvert, de la largeur de la plaque qu'on rive dessus; on attache le plus souvent trois branches, au lieu d'une, au Gnomon, quand il doit s'éloigner beaucoup du mur, pour plus de solidité : elles s'attachent en triangle, une des trois en-dessus. Observez que le

Gnomon étant placé, il doit s'élever un peu vers le Ciel, pour qu'il reçoive mieux les rayons du soleil; & dans tous les cas, il doit toujours être tourné vers la partie du monde que regarde le plan. Comme si le plan regarde le midi, préfentez-le vers le midi; ainsi des autres. Si le plan décline beaucoup, les branches vont obliquement, & le Gnomon ne préfente pas fa face parallélement au plan. On entend par la déclinaifon d'un plan, quand le mur ne fe trouve pas directement vis-à-vis d'un des quatre points cardinaux, qui font le midi, le nord, l'orient & l'occident.

CHAPITRE III.

Conftruction de différentes figures concernant les opérations à faire fur les lignes & les cercles.

TRACEZ une ligne perpendiculaire fur une autre; prenez un compas, du point fur lequel vous voulez abaiffer la perpendiculaire; placez une de fes jambes, & portez l'autre, de chaque côté, fur la ligne; marquez-y deux points. De ces deux points, en ouvrant le compas de moitié davantage, décrivez au-deffous & au-deffus deux petits arcs de cercle, s'entre-coupant l'un l'autre par leurs interfections & le point milieu de votre ligne, tracez votre perpendiculaire demandée.

D'un point donné fur l'extrémité d'une ligne, abaiffez une perpendiculaire fur ce point. Par exemple, Fig. 9, le point H fera le point de la ligne G, H, fur lequel il faut élever la perpendiculaire; marquez un point Q, à volonté, au-deffus de la ligne G, H de ce point Q, pris pour centre, & de l'intervalle Q, H, décrivez un demi-cercle qui coupe la ligne G, H au point G & H. Du point G, tirez par le centre Q le diametre G, I; & de fon extrémité I, menez au point H la droite I, H, cette ligne fera la perpendiculaire élevée à l'extrémité H de la ligne G, H.

Mener une parallele à une autre. Suppofé une ligne à laquelle on veût donner une parallele, prenez un compas, ouvrez-le de la diftance que vous voulez donner à votre parallele, & placez une des pointes fur le commencement de votre ligne & faites un arc: tranfportez votre compas, ayant fa même ouverture fur l'autre bout de cette même ligne; décrivez un arc femblable; tracez une ligne par ces deux arcs à leur fommet, vous aurez la parallele.

CHAPITRE IV.

Explication de quelques termes employés dans la Gnomonique, & des grands cercles de la Sphere.

DU MÉRIDIEN.

C'EST un grand cercle qui paſſe par les deux poles du monde ; il partage la ſphere en deux portions égales, dont l'une eſt orientale, & l'autre occidentale. On l'appelle Méridien, parce que le ſoleil y étant parvenu, il eſt midi pour tous les peuples qui ſont ſous ce Méridien, en allant d'un pole à l'autre : & ſuivant cette ligne, il eſt midi au même inſtant ; au lieu que de l'Orient à l'Occident, on change à chaque pas de Méridien.

DE L'ÉQUATEUR OU ÉQUINOXIAL.

C'eſt un grand cercle qui partage la ſphere en deux parties égales, & coupe les cercles Méridiens à angle droit. On l'appelle auſſi Équateur, parce que lorſque le ſoleil parcourt ce cercle, les jours ſont égaux aux nuits : il ſe marque ſur les Cadrans par une ligne droite.

DES SIGNES.

On compte douze ſignes, qui repréſentent les douze mois de l'année. Il y en a ſix aſcendants &

fix defcendants, qui font, pour le mois de Mars, le Belier ♈; Avril, le Taureau ♉; Mai, les Gémeaux ♊; Juin, l'Ecreviffe ♋; Juillet, le Lion ♌; Août, la Vierge ♍; Septembre, la Balance ♎; Octobre, le Scorpion ♏; Novembre, le Sagitaire ♐; Décembre, le Capricorne ♑; Janvier, le Verfeau ♒; Février, les Poiffons ♓. Les afcendants commencent depuis le 20 Décembre, jufqu'au 21 Juin; les defcendants, depuis le 21 Juin, jufqu'au 20 Décembre; les afcendants font au-deffus de l'Equateur, & les defcendants au-deffous.

On place fur les cadrans verticaux les fignes méridionaux au-deffous de la ligne équinoxiale; les feptentrionaux au-deffus; on pratique le contraire aux Cadrans horizontaux. On appelle tropiques les deux fignes qui arrivent aux mois de Décembre & de Juin; ils font chacun avec l'Equinoxial, un angle de 23 dégrés 28 minutes de chaque côté. Le foleil ne paffe pas ces deux points; il parcourt le cercle écliptique partagé en douze parties égales, qui font les douze mois de l'année: les fignes commencent vers le 20 de chaque mois. On trouve dans les Almanachs le jour de leur entrée.

DE LA HAUTEUR DU POLE.

Elle eft la diftance, depuis l'horizon jufqu'au pole; on l'appelle auffi latitude. Par exemple, on

dit telle ville eſt à 45 dégrés 30 minutes de latitude ; la hauteur de l'Equateur eſt toujours le
complément de la hauteur du Pole. Ainſi ſi la latitude eſt de 45 dégrés 30 minutes, la hauteur de
l'équateur ſera de 44 dégrés 30 minutes, leſquels
enſemble forment 90 dégrés, diſtance de l'horizon
au zénith, ou, ſi vous voulez, point perpendiculaire ſur notre horizon.

CHAPITRE V.

Du Rapporteur, ou Demi-Cercle.

C ET inſtrument, ſervant à prendre des angles, Fig. 1.
n'eſt pas tel qu'on le trouve dans les étuis de
Mathématique ; j'y ai ajouté pluſieurs choſes qui
le rendront infiniment plus utile, & il donnera la
facilité de tracer plus juſte.

Faites le diametre A, B, C, long de 10 pouces,
le demi-cercle de 8 ; percez deux petits trous aux
points E & F, pour y faire entrer deux pointes
rivées en-deſſus, & ſortantes en-deſſous de trois
quarts de ligne, qui ſerviront à fixer ſur le carton ou ſur du papier fort, l'inſtrument : l'excédant
du diametre deviendra utile, en ce qu'on tracera
au long deux lignes, qui, prolongées par le centre, vous donneront exactement le diametre
de votre cercle. Comme le centre ſe trouve em-

barraſſé par la regle mobile, on le percera d'un petit trou, & par le moyen d'une fine aiguille, on la marquera foiblement ſur le carton, par lequel on tracera une perpendiculaire à la circonférence par le moyen de la regle qu'on conduira ſur zéro du Rapporteur. Vous ajouterez une regle à ſon centre, dont le côté, qui part du centre, ſera aminci pour mieux juger des diviſions du cercle. Pour qu'elle ſoit plus ſolide en ſon centre, il faut faire la tête comme celle des compas; c'eſt un petit boulon de deux lignes de diametre, qui doit ſe ſouder au centre du demi-cercle pour laiſſer tourner la regle autour. Ce boulon doit être rivé ſur la regle qu'on évidera au-deſſus en forme de cône. Si on vouloit ôter la regle de deſſus le demi-cercle, on feroit excéder le boulon au-deſſus de la regle de quelques lignes. Cet excédant en vis, auquel on mettroit un écrou, dont le haut ſeroit en forme de cœur pour avoir la facilité de le tourner & de fixer la regle, de ſorte cependant qu'elle puiſſe mouvoir librement. Donnez à votre regle huit lignes de largeur, ſur laquelle on pourra tracer les parties égales; ce qui conſiſte à diviſer ſa largeur en dix lignes tracées ſur toute ſa longueur. Partagez cette longueur en dix parties égales, dont chacune vaudra cent parties. A la premiere diviſion, tracez des lignes tranſverſales au nombre auſſi de dix, qui vaudront chacune vingt parties : elles

ſe

fe tracent en travers de la premiere à la derniere.
Marquez au-deffus des lignes qui vont de haut
en bas leur nombre, comme 1, 2, 3, 4, 5, 6,
7, 8, 9, 10, fur le côté à droite, en commençant par le haut de la ligne. Tracez fur la longueur
les nombres 100, 80, 60, 40, 20, laiffant par
conféquent deux lignes pour chaque nombre pour
ne point faire de confufion. Et en fuivant les neuf
autres divifions en defcendant, marquez les nombres 100, 200, 300, 400, 500, 600, 700. Je
n'en donne pas la Figure ; on la trouve dans tous
les livres qui traitent de Géométrie. D'ailleurs je
n'en fais pas ufage dans ce Traité. Vers l'extrémité O de cette regle, on laiffera fur l'alignement A, D, une petite avance circulaire. Percez-y
un petit trou, & en-deffus de la regle un reffort
armé d'une petite pointe bien trempée, qui paffera par le trou. En appuyant le doigt fur le
reffort, il marquera fur le carton les points des
angles dont vous aurez befoin, par lefquels & du
centre vous tracerez les lignes. Vous pouvez vous
difpenfer de mettre ce petit reffort ; fixez feulement la pointe d'une fine aiguille à la petite avance, ayant foin qu'elle foit juftement fur l'alignement de la regle ; en appuyant un peu, elle marquera fon point. Ne lui donnez qu'une demi-ligne
d'excédant fous la regle ; les divifions de votre
demi-cercle feront de demi-dégré en demi-dégré.

B

Faites en forte d'évider votre regle dans l'endroit où elle touche la circonférence du demi-cercle, afin que tout le refte de la regle touche votre carton ou papier en toutes fes parties.

CHAPITRE VI.

Defcription d'un Compas, avec fon Quart de Cercle gradué.

Fig. 2.

CET inftrument eft très-utile pour avoir avec précifion les angles, fans avoir befoin du Rapporteur décrit ci-deffus. Il doit être plat, avoir fes branches en-dedans bien droites; de forte qu'en partant du centre, une regle puiffe toucher toutes fes parties jufqu'à l'extrémité de fes pointes. Vers le milieu d'une de fes branches, on y foude un quart de cercle d'acier, large de quatre lignes, plus ou moins, felon la longueur de fes branches, lequel paffe au travers de l'autre branche, & une vis au-deffus pour le fixer fur le nombre de dégrés dont on veut faire fon angle. On trace fur ce quart de cercle les dégrés, même les minutes par des lignes tranfverfales d'un dégré à un autre. On trace en tout huit cercles; les deux du bas doivent être d'une diftance plus grande, pour y tracer, entre deux fimplement, les dégrés. Enfuite au-deffus fix autres plus petits, égaux entr'eux;

prolongez les dégrés jufqu'au dernier ; & de l'un
à l'autre depuis le fecond cercle, tracez des lignes tranfverfales. Chaque interfection des cercles avec elle, vous donnera dix minutes de dégré ; ce qui fuffira pour l'exactitude : ils ne font
point dans la gravure, parce que le compas eft
trop petit pour que j'aie pu les mettre fans confufion. Il faut que le centre de ce compas foit
percé d'un petit trou.

Ufage de ce Compas.

Tracez, fur le carton ou le papier, une ligne
perpendiculaire fur une autre ; prenez une aiguille, pour fixer, au point de leur interfection,
le centre de votre compas ; pofez une de fes jambes fur la ligne perpendiculaire ; l'autre mouvante
fur le nombre de dégrés dont vous voulez faire
votre angle : pour lors tracez un petit trait au
long du dedans de cette branche mouvante ; ainfi
des autres angles ; & par ces traits & du centre,
tracez vos lignes horaires.

Si vous vouliez faire, je fuppofe, l'angle de
la hauteur du pole 41, ouvrez d'abord le compas, jufqu'à ce que le dedans de la branche mouvante foit fur ce dégré 41, fans changer l'ouverture de votre compas ; tracez un cercle, &
portez-y les deux pointes, pour marquer deux
points, par lefquels & du centre vous tracerez

B 2

deux lignes, lefquelles vous donneront votre angle de 41. Si les pointes de ce compas venoient à s'émouffer, prenez garde qu'elles ne perdent pas leur alignement avec le centre, & l'endroit que touche le quart de cercle; qu'elles foient de même longueur; car autrement vos angles feroient faux.

Il vous fervira auffi à divifer un cercle en autant de parties égales que vous voudrez. Pour cela, faites d'abord le cercle; mettez enfuite la jambe mouvante de votre compas fur le nombre, comme pour le divifer en 24 parties; prenez 15 dégrés, & parcourez votre cercle, fans enfoncer les pointes.

CHAPITRE VII.

Des grandes Méridiennes.

Fig. 8.   LA Méridienne horizontale eft celle qu'on doit tracer de préférence. On opere, par ma méthode, fur un très-grand plan, comme de 18 pieds: elle n'eft fujette à aucune erreur; & il fera facile, d'après celle-ci, d'en tracer d'autres dans tel endroit qu'on voudra; comme dans un appartement, un veftibule, fur une muraille : elle n'occafionne aucune dépenfe. L'expérience m'a confirmé qu'elle eft la plus jufte : on ne craint point

l'action du chaud, du froid, de la pluie, toutes
chofes qui font travailler les corps & les dépla-
cent fenfiblement. C'eft au milieu d'une cour, d'un
jardin, qu'il faut la tracer, pourvu que les bâti-
ments ne vous cachent pas la grande & la petite
ourfes qui doivent vous fervir pour votre opération. La figure de ces étoiles qui fe trouvent du
côté du nord, eft repréfentée fur la première planche, de manière à ne pas fe méprendre. On pré-
férera de faire cette opération le foir, depuis la
fin d'Octobre, jufqu'er vers l'évrier, à moins qu'on
ne veuille paffer la nuit. Ces étoiles vont d'occident en orient; ainfi elles vont de gauche à
droite, quand la grande ourfe eft par en bas : car
quand elle eft au-deffus, elle va de l'orient au
couchant, faifant fa révolution autour d'un petit
cercle, comme les rayons d'une roue autour de
fon moyeu; elles ne fe défuniffent jamais; tous les
jours ces étoiles arrivent au Méridien, environ
quatre minutes plutôt. Ainfi, quand on voudra répéter fon opération, on y fera attention. Commencez par planter, du côté du nord, au-devant du
plan, où vous devez tracer la Méridienne, deux
fortes perches, de douze pieds de haut, hors de
terre, A, B; l'une du côté de l'orient, l'autre
du côté de l'occident, à trois ou quatre pieds de
diftance l'une de l'autre. Attachez horizontalement une ficelle, A, B, tout au haut, bien tendu;

difposez deux autres perches, C, D, de la hauteur de huit pieds hors de terre, que vous éloignerez des deux autres, en tirant du côté du midi, de la diftance de quinze pieds; de forte que les quatre forment entre elles un quarré long. On attachera à ces deux dernieres, C, D, une ficelle, comme aux deux autres. Prenez un fil fort, bien blanc, que vous ferez paffer en tournant une fois au milieu de chaque ficelle; de forte que ce fil E, F, tombe perpendiculairement des deux côtés entre les perches, jufqu'à trois ou quatre pouces de terre. Vous attacherez à chaque bout une pierre, ou un poids d'une demi-livre. Comme ces poids feront alonger les fils, ne les attachez folidement qu'après avoir vu leur effet. Après cette opération, une demi-heure avant le paffage de l'étoile polaire P par le Méridien, enfoncez dans terre deux pieux G, H, larges de fept à huit pouces par le haut, & pointus par le bas; laiffez-les fortir de terre de fix pouces, & enfoncés d'un bon pied au moins; il faut qu'ils foient diftants de vos fils perpendiculaires de trois pieds de chaque côté, & fur leur alignement, ayant eu foin de vifer auparavant l'étoile polaire, de crainte que l'un des deux pieux ne foit hors du plan de votre Méridienne. Attachez avec des pointes un cordon de foie, ou un fil fort deffus ces pieux, de forte qu'il touche vos deux fils perpendiculaires ; n'enfoncez pas trop, pour y revenir lorsque vous serez assuré de votre Méridienne ; faites-vous aider par quelqu'un, pour rapprocher vos pointes & le fil horizontal, selon qu'il en sera besoin, sur-tout celle qui sera du côté du midi, pour que ce fil horizontal rase toujours les deux qui servent à viser l'étoile polaire. Il ne suffit pas de viser cette étoile ; il faut que la premiere de la grande ourse, après le quarré S, commence à passer votre fil du côté de l'orient, d'environ quatre minutes d'heure : enfoncez pour lors vos pointes plus fort sur les pieux, & vous aurez une ligne qui sera parfaitement dans le plan du Méridien ; ne vous inquiétez plus de vos perches, de vos fils perpendiculaires ; tout sera dérangé le lendemain de situation ; mais votre fil horizontal ne pourra changer de direction.

Recommencez le lendemain, ou d'autres jours, votre opération, pour juger si la premiere est bien faite ; remettez seulement vos fils, pour qu'ils touchent celui qui est horizontal, & examinez encore les étoiles : si ces deux fils perpendiculaires rasent exactement l'horizontal, c'est une preuve que votre opération est bonne ; autrement il faudroit toucher au fil horizontal, du côté du midi seulement.

Observez que vos perches étant éloignées, il

ne vous feroit pas facile de voir les fils. Faites-
vous éclairer par deux lanternes, une derriere
vous, l'autre vis-à-vis le fil perpendiculaire qui
fera du côté du nord; celle-ci ne doit donner fa
lumiere que vers le fil, à l'endroit qui fe trouvera dans la direction de votre œil à l'étoile; car
autrement elle vous empêcheroit de voir, au lieu
de vous fervir.

Pour voir cette méridienne, il faut attacher au-
haut des deux plus petites perches, du côté du
midi, deux morceaux de bois K, L, de quatre
pouces de long fur deux de large; fciez un bout
de chacun en angle, pour qu'étant cloués fur les
perches, à fix pouces de leurs extrémités fupé-
rieures, ils donnent une pente fuffifante pour y
placer un autre morceau de bois triangulaire M, N,
de cinq pieds de long, chaque face de la largeur
de deux pouces un quart. Attachez fur une de
fes faces, en fon milieu, une plaque de tôle ou
une ardoife, de forte que le tout étant placé fur
les foutiens K, L, l'ardoife fe trouve inclinée
vers le ciel pour mieux recevoir les rayons du foleil, fur-tout en hiver, où le foleil ne s'éleve que
peu fur l'horizon à midi. Vous ferez auparavant,
au milieu de l'ardoife, un trou rond de fix lignes
de diametre. Avant de le creufer & de l'arrondir,
tracez par le centre deux diametres à angles droits,
prolongés au-delà du cercle d'un pouce, fur lef-

Fig. 4.

quels vous ferez à chacun un petit trou, pour
qu'en paſſant un fil de l'un à l'autre, en croiſant
ſur le grand trou, vous ayez à leur interſection
le centre du grand. A cette interſection vous attacherez un fil, qui, tombant verticalement avec
ſon plomb, aille raſer le fil horizontal. Comme
l'ombre s'allonge beaucoup en hiver, vous attacherez vos deux ſoutiens un peu plus bas ſur les
perches. Enſuite quand vous voudrez voir midi,
vous mettrez ſous votre fil horizontal, un carton
bien blanc, un peu incliné vers le midi ; vous le
reculerez ou l'avancerez, juſqu'à ce que votre
point de lumiere partant du trou de votre ardoiſe,
ſe peigne ſur le carton : faites attention qu'en
hiver ce point de lumiere s'approche davantage du
côté des grandes perches.

Si vous voulez rendre plus ſenſible ce point de
lumiere, mettez ſur votre ardoiſe une grande
feuille de carton, que vous percerez à l'endroit
où elle touchera le trou de l'ardoiſe qui doit en-
voyer le point de lumiere. Faites ce trou aſſez grand
pour qu'il n'empêche pas les rayons de paſſer ſur
celui de l'ardoiſe. J'entre dans les plus petits dé-
tails pour faciliter l'intelligence de cette opération, & contribuer à ce qu'on faſſe cette méridienne la plus parfaite poſſible.

C H A P I T R E VIII.

Moyen de transporter cette Méridienne sur un plan
horizontal.

Fig. 7. PAR exemple, dans une chambre ou un vesti-
bule, commencez par faire attacher solidement un
gnomon au-dehors d'une porte ou d'une fenêtre,
à gauche de l'appartement, si la façade décline du
midi au couchant, & à droite, si elle est du côté
de l'orient; je suppose les personnes en-dehors regardant la fenêtre, car étant dans la chambre, ce
seroit le contraire. Quand vous ferez cette opération, vous disposerez votre méridienne horizontale comme il est indiqué ci-dessus, & au moment
où le point de lumiere commencera à entrer sur
votre fil horizontal, vous avertirez pour qu'une
personne qui sera dans l'appartement, marque un
point sur le parquet ou le pavé, avec un crayon
ou une pointe. Quand le fil partagera le point de
lumiere par la moitié, avertissez encore pour marquer un autre point, & à la sortie encore un autre. Il se passe toujours un peu plus de deux minutes pendant le passage de ces trois points; celui
du milieu sera le midi. On est toujours le maître
de répéter cette opération pour la vérifier. Ayant
donc ce point de midi, on y enfonce une pointe,

à laquelle on attache un fil ou une foie, qu'on fait paſſer par le centre du gnomon. Pour avoir ce centre, on fait entrer dans le trou du gnomon un bouchon, qu'on perce en ſon milieu, on y fait paſſer la foie ; & pour qu'elle ſoit tendue, on attache en-dehors, à cette foie, une pierre ou un petit poids d'un quarteron. Enſuite prenez un plomb pointu par ſon extrémité K, attachez-y un fil, que vous nouerez à la foie qui paſſe par le bouchon, le plus près que vous pourrez de la fenêtre, en-dedans de la chambre. Par le point d'attouchement de la pointe du plomb ſur le plancher, & celui déja marqué à midi, vous tracerez une ligne, qui ſera la méridienne; vous la prolongerez autant qu'il ſera néceſſaire, pour qu'elle ſe termine aux ſolſtices d'été & d'hiver. Si l'appartement n'eſt pas aſſez profond, tracez votre ligne juſqu'au mur, ſur laquelle vous abaiſſerez avec votre plomb pointu une perpendiculaire, qui donnera dans l'hiver le reſtant de la méridienne. On pourra marquer les ſignes du Zodiaque deſſus la méridienne. On trouve leurs paſſages dans tous les mois dans les Etrennes Mignonnes, ou bien les premiers des mois (ce qui ſeroit plus utile.) Si on ne veut pas gâter les parquets par des traits, enfoncez près du mur, des deux côtés, deux crochets, auxquels vous attacherez une foie bien tendue, que vous retirerez quand vous aurez vu midi. Si vous voulez ajouter à cette mé-

ridienne le quart devant & après-midi , même les
minutes de cinq en cinq , mettez votre montre
fur midi la veille , mieux feroit une pendule ;
marquez des points aux deux côtés de la méridienne dans les mois de Décembre, Mars & Juin ;
& par ces points, conduifez des lignes ; tracez-y
les chiffres qui exprimeront leur valeur, comme devant midi, 45, 50, 55, XII, 5, 10, 15. Si vous
marquez fur chaque ligne des points, les premiers , dix & vingt de chaque mois , vous aurez une efpece de Calendrier.

CHAPITRE IX.

Tranfporter la Méridienne fur un plan vertical.

POUR tranfporter votre méridienne fur un plan
vertical, faites placer un gnomon au-haut du plan ,
affujetti par trois branches en triangle ; l'une en-
deffus, les deux autres de côté, de forte qu'il regarde directement le midi, & un peu incliné vers
le ciel ; il ne faut pas le fceller entiérement les
premiers jours, afin d'obferver à midi fi le point
de lumière du gnomon donne au milieu du plan.
Quand on en eft affuré, on acheve de le rendre
folide par de bons coins & du plâtre : on marque
trois points comme on a fait à la méridienne horizontale. Comme les murs font prefque toujours

Fig. 10.

inclinés, on paſſera une ficelle par le trou du gnomon, à laquelle on attachera un poids, qu'on laiſſera tomber dans un vaſe plein d'eau, de ſorte qu'il ne touche pas au fond pour qu'il garde ſa perpendiculaire, & que le vent ne faſſe pas branler la corde : enſuite à midi on marque tout le long de l'ombre de la corde des points, par leſquels on trace la ligne méridienne. Si vous voulez y mettre le quart devant & après-midi, faites la même opération de la méridienne hori-zontale.

CHAPITRE X.

Inſtrument très - commode pour tracer une Méri-dienne ſur de petits plans horizontaux, & trouver la déclinaiſon des plans.

IL conſiſte en un quarré parfait de huit pouces Fig. 6. de large en tous ſens G, H, I, K, ſur lequel vous tracerez un quart de cercle M, O, diviſé par dégrés & demi-dégrés, dont le centre eſt en L; vous laiſſerez un eſpace ſur ſes bords de deux lignes de largeur, outre la petite ligne qui ſervira d'enca-drement. Rivez ſur le côté L, O, un triangle rec-tangle G, P, K, perpendiculairement au plan, dont le ſommet ſera au centre L. Sur ſon côté, vous tracerez une ligne perpendiculaire & parallele à

P, O, & au-deſſous une ouverture, dont le bas
ſera en pointe pour y laiſſer paſſer un plomb
pointu, pour mettre l'inſtrument de niveau de
tous les ſens. Vous pouvez mettre aux quatre
coins des vis pour cet uſage. Du point O, vous
tracerez un autre quart de cercle, diviſé comme
le premier, dont les dégrés ſe marqueront ſeule-
ment autour du quarré entre l'eſpace des lignes
réſervées ; il ſervira à trouver la déclinaiſon des
plans verticaux. Pour tracer une méridienne horizontale, vous poſerez l'inſtrument ſur un plan
bien de niveau, vers neuf heures du matin, de
maniere que le côté du triangle P, K, donne ſon
ombre ſur le côté O, N ; conſidérez à l'inſtant le
nombre de dégrés marqués par l'hypoténuſe L, P,
ſur le quart de cercle, & tracez une ligne ſur le
plan au long du côté I, K ; écrivez le nombre de
dégrés que vous avez trouvés ; prenez bien garde
de remuer l'inſtrument pendant cette opération.
Après-midi, un peu devant trois heures, ajuſtez
l'inſtrument de maniere que ſon angle K ſoit ſur
un bout de la ligne tracée le matin. Examinez ſi
l'ombre du côté du triangle P, K, donne ſur le
côté O, N, & ſi l'hypoténuſe G, P, donne le
même dégré que celui du matin. Tracez tout de
ſuite une autre ligne, qui formera un angle avec
celle du matin ; diviſez-le en deux parties égales ;
& par cette diviſion, tracez une ligne qui ſera

la méridienne. Il faut de préférence faire cette opération vers les solstices, pour éviter l'erreur que donneroit la déclinaison du soleil vers les équinoxes. S'il y avoit six heures d'intervalle pendant l'opération dans les mois de Mars & de Septembre, il y auroit à peu près six secondes d'erreur : elle diminue en approchant des mois de Juin & Décembre. Vous pouvez, pour voir midi, au lieu d'un style ou d'un gnomon, présenter sur votre ligne méridienne le côté de cet instrument K, I. Lorsque l'ombre du côté du triangle P, K, ira sur O, N, il sera midi : il vous servira encore pour trouver la déclinaison des plans verticaux.

Présentez l'instrument horizontalement à midi, le côté H, I, contre le mur. Si la déclinaison est orientale, examinez le nombre de dégrés que marquera le côté O, P, du triangle sur les lignes de division tracées autour du quarré. Si le mur se présente du côté du couchant, mettez contre le mur le côté G, H. Comme les murs ne sont pas exactement unis, il faut mettre une grande regle, dont les côtés seront bien paralleles contre la muraille, & poser votre instrument contre; c'est seulement à midi qu'il faut prendre la déclinaison du mur. Je me suis trompé en gravant cet instrument sur le cuivre; il faut mettre à gauche ce qui est à droite, parce que l'impression rend à rebours. Quand on voudra le faire, on fera cette attention.

CHAPITRE XI.

Du Cadran horizontal.

JE me fuis borné à donner les angles horaires pour ce Cadran, depuis le 44ᵉ dégré de latitude, jufqu'au 51ᵉ incluſivement; c'eſt le moyen le plus juſte. On trouvera les tables des angles horaires à la fin du Livre. Le Rapporteur, Figure 1, doit beaucoup contribuer à fa préciſion. Il ſuffit de prendre le nombre de dégrés pour chaque heure; marquer des points, & tracer des lignes par le centre. Enſuite faites à part l'angle de la hauteur du pole, dont le ſommet doit être placé au centre du Cadran. Pour ce ſtyle, prenez une lame de cuivre, large de cinq lignes, épaiſſe de deux, longue des trois quarts de la ligne de midi. Conſervez près du centre un talon A, B, C, D, Figure 12, conſervant l'angle de la hauteur du pole. Vous donnerez à ce talon la cinquieme partie de la longueur A, D. Au point C, milieu de la largeur du ſtyle, percez un trou d'une bonne ligne; évidez-le en-deſſous en forme d'entonnoir renverſé, parce qu'autrement le point de lumiere ſe perdroit dans l'épaiſſeur du ſtyle. Il feroit bon de l'élargir ſur les côtés en ovale, conſervant toujours le trou rond en-deſſus. Comme le ſtyle a cinq lignes de largeur,

largeur, il faut faire deux lignes méridiennes, dif-
tantes l'une de l'autre de la largeur du ftyle; pour
lors les lignes horaires auront deux centres, l'un
pour les heures du matin, l'autre pour celles du
foir. Les lignes de fept & huit heures du foir
fe traceront par le centre des heures du matin, &
celles du matin par le centre des heures du foir....
J'ai prefcrit de faire ce petit trou fur le ftyle ou
axe du Cadran, pour vérifier s'il eft bien placé
fur la direction du midi. En traçant légérement
des deux centres des arcs de cercle fur le Cadran,
vous examinerez fi le point de lumiere arrive fur
un de ces cercles aux heures correfpondantes du matin & du foir; pour lors le Cadran fera bien placé:
s'il y a quelque différence, prenez-en la moitié,
& reculez ou avancez le Cadran de cette quantité; voyez les jours fuivants s'il marque plus jufte.
Cette méthode fervira pour ceux qui n'auront pas
de méridienne à leur portée. Fixez votre ftyle par
deux vis en deffus ou en deffous. Si vous voulez
que le petit trou vous ferve à voir l'heure de midi,
tracez entre les deux lignes méridiennes une autre
qui leur foit bien parallele. Il vous fervira encore à
voir les jours du mois ou des fignes, fi vous marquez des points fur les lignes horaires, les jours qu'ils
arriveront, de même que j'ai indiqué pour la grande
méridienne dans un appartement. J'ai dit de tracer légérement plufieurs cercles fur le Cadran,

C

pour vérifier s'il eſt bien placé, parce qu'il pourroit arriver que des nuages vous cachent le ſoleil
au moment de l'opération ; ainſi, en marquant
des points ſur pluſieurs, il eſt probable qu'il y
en aura d'éclairés le ſoir comme le matin. Ayez
ſoin que votre ſtyle ſoit bien ſur ſa hauteur, &
perpendiculaire au plan : ne vérifiez pas votre Cadran vers les équinoxes, pour les raiſons que j'ai
dites plus haut.

CHAPITRE XII.

Moyen de faire ſervir le Cadran horizontal pour pluſieurs latitudes.

Fig. 11. Ayant tiré par le centre du Cadran, Figure 11,
les deux lignes perpendiculaires A, B, C, D, le
centre en C, dont la premiere, A, B, étant
priſe pour la ligne de ſix heures, l'autre, C, D,
pour la méridienne, prenez la moitié de la ligne
C, D, en allant juſqu'au chiffre 12 ; diviſez-la
en quatre parties égales, & décrivez du centre
C, par les points de diviſion, des arcs de cercle
qui repréſenteront différentes latitudes de cinq
en cinq dégrés ; commencez par la plus haute au
premier cercle, comme 55 dégrés, les trois autres en allant vers les chiffres de midi ; ainſi vous
aurez pour le dernier 40 dégrés. Il vaudroit mieux

faire ces cercles pour 2 dégrés au lieu de 5 , &
en mettre davantage , parce qu'il fera plus aifé
de juger la véritable heure par l'intervalle de chaque
cercle. On prendra de part & d'autre de la méridienne les angles horaires par les tables fur chaque
cercle, pour chaque latitude ; ainfi vous aurez un
point d'une même heure pour chaque cercle de
latitude, que vous joindrez par les lignes courbes.
Gravez au long de la méridienne , entre chaque
cercle, les chiffres des différentes hauteurs du pole :
il faut obferver que le ftyle doit s'élever fur le plan
à raifon de la hauteur du pole : on pourroit, au
lieu d'un ftyle , fceller une branche de fer ou de
cuivre perpendiculairement près le chiffre de midi , fendue par le haut en fon milieu ; y graver
une échelle de dégrés qui détermineroit les différentes hauteurs du pole, puis un reffort parde-
vant, arrondi dans fa plus grande partie, pour y
bander une foie qui partiroit du centre du Cadran , laquelle on baifferoit ou éleveroit felon la
hauteur du pole ; en forte que la foie touche le
dégré de l'échelle que vous aurez tracé au haut
de la branche en-dedans. Obfervez de ne pas faire
la fente de votre branche trop large, afin que la
foie qui doit y paffer, ne s'écarte pas de fa perpendiculaire fur le plan & la méridienne : fi vous
voulez le rendre portatif, mettez votre branche à
vis fur le Cadran.

C 2

CHAPITRE XIII.

Du Cadran vertical déclinant. ʃ.y...ɔ.

Rien de ſi difficile que de tracer juſte ces ſortes de Cadrans : les plans ſont preſque toujours déclinants & inclinés ; les ouvriers ne les rendent jamais bien unis ; le ſtyle ou axe, très-difficile à placer ; la moindre erreur dans la multitude des lignes qu'il faut tracer, donne des différences trèsgrandes, ſur-tout quand la déclinaiſon du plan eſt conſidérable. Il ſeroit avantageux de ne ſe ſervir que du gnomon, au lieu de ſtyle ou axe, qu'on placeroit ſur le plan à raiſon de ſa déclinaiſon : quand il y en a peu, placez-le vers le milieu du plan & à la hauteur d'un peu plus des deux tiers ; plus il déclinera, plus vous devez le jetter de côté ; car le point de lumiere s'éloignera beaucoup, lorſque le ſoleil ſera prêt à quitter le plan : placez-le à gauche, ſi le plan décline du midi à l'orient ; à droite, ſi c'eſt du midi au couchant. Vous ferez bien, avant de rien marquer ſur le plan, de préſenter le petit bâton décrit ci-après perpendiculairement ſur le plan, & d'examiner où l'ombre ſeroit donnée aux heures les plus éloignées, & la place où doit être fixé le gnomon : raccóurciſſezle, ou l'alongez à proportion de la grandeur que

vous voulez donner à votre Cadran; car il pourroit arriver que votre point de lumiere forte des
lignes horaires. Vous obferverez aufli que du pied
du gnomon, c'eft-à-dire, du point d'incidence
perpendiculaire que donneroit le trou du gnomon
fur le plan, il faut laiffer de l'efpace fur le petit
côté pour marquer plufieurs heures, & qu'elles
puiffent être terminées par les folftices; car fi le
Cadran décline beaucoup, les lignes feront prolongées au-deffus, au couchant comme au levant;
c'eft à-dire, que le foleil arrivant à ces deux points,
on verroit fon ombre un peu au-deffus du point
d'incidence de votre gnomon. Plus la déclinaifon
fera grande, plus les lignes horaires du matin ou
du foir s'approcheront près du pied du gnomon.
Après ces précautions, mettez votre montre ou
une pendule bien réglée fur un bon Cadran ou
une Méridienne, (qu'on devroit faire avant tout)
& commencez à marquer des points à chaque
heure & demi-heure, au milieu du point de lumiere de votre gnomon, pendant tout le temps
que le foleil éclairera votre plan; ce que vous
répéterez tous les mois depuis le 20 Décembre
jufqu'au 20 de Juin, ou du 20 de Juin au 20
Décembre; & par ces points, tracez des lignes
horaires; & en prolongeant d'autres lignes d'une
heure à l'autre par ces mêmes points, vous aurez
les fignes du Zodiaque : celle du milieu fera la

C 3

ligne équinoxiale qui fera droite & non courbe ; comme celle des autres fignes : les deux folftices termineront vos lignes horaires. S'il arrivoit que le foleil n'éclaire pas le jour que les fignes arrivent, marquez les points un autre jour : on eftimera à-peu-près la différence qu'occafionneroit ce retard. Faites attention que quand le foleil monte, comme depuis Décembre jufqu'en Juin, le point d'ombre va en defcendant ; & depuis Juin jufqu'en Décembre en montant. Vous pouvez vérifier vos points au retour du foleil par ces mêmes fignes, puifqu'ils fervent chacun deux fois dans l'année. Ayez foin d'enfoncer des épingles fur vos points de lumiere, parce qu'à la longue ils pourroient s'effacer ; pour lors vous aurez votre Cadran parfait. On dira peut-être que ces opérations traînent en longueur ; qu'importe, pourvu que le Cadran foit jufte. D'ailleurs, la ligne horaire n'étant éclairée que par un point de lumiere, ce qui feroit tracé au-delà deviendroit inutile pour le moment ; au lieu que quand il faut tracer ces Cadrans par le calcul, ou par une infinité de lignes, il faut beaucoup d'inftruments qui coutent fort chers, fi on veut les avoir bons ; encore réuflit-on difficilement. On pourra, fi l'on veut, les tracer légérement par les regles géométriques que je donne ci-après, & les vérifier par cette premiere méthode, & on jugera de la différence.

CHAPITRE XIV.

Maniere facile de tracer un Cadran vertical déclinant
par un point d'ombre à midi.

Ayant fixé auparavant votre gnomon, & trouvé Fig. 13.
sa distance perpendiculaire au plan, comme je l'indiquerai ci-après, sur le point de cette perpendiculaire E, qu'on appelle pied du style, tracez à angle
droit les lignes A, B, C, D : marquez à midi,
sur le milieu du cercle de lumiere donné par le gnomon un point par lequel vous ferez passer une ligne
perpendiculaire comme G, F; prenez le distance
I, E, du trou du gnomon au plan, & portez-
la de E, en C, sur la ligne C, D : prenez l'espace C, F, section de la méridienne : transpor-
tez-la de F, en B; ensuite faites l'arc F, H, par
B, égal à la hauteur du pole : tirez par H & B
une ligne qui coupera la méridienne en G, centre
du Cadran; de G, par E, conduisez la soustilaire ; de la soustilaire, élevez une perpendiculaire de E en I, & tracez par G, I, la ligne de
l'axe par laquelle de I, N : abaissez une perpendiculaire sur la soustilaire E, G. Au point de l'inter-
section N, tracez la ligne équinoxiale, faisant un
angle droit avec la soustilaire, à l'endroit où la
ligne équinoxiale coupera le ligne horizontale ;

C 4

A, B, fera le point de fix heures; enfuite prenez l'efpace N, Q, égal à N, I, du point Q;
décrivez un demi-cercle le plus grand que vous
pourrez, que vous diviferez en vingt-quatre parties égales, pour les heures & les demies; & du
centre Q aux divifions marquées fur la circonférence, tracez légérement des lignes qui couperont l'équinoxiale; & par ces points d'interfection
& le centre G, tracez les lignes horaires : l'interfection de la ligne équinoxiale avec la ligne horizontale, & celle de l'équinoxiale avec la méridienne, produiront un angle droit. Les heures
du matin doivent fe trouver du côté du gnomon,
fi le plan décline de l'orient au midi : comme
le gnomon eft fuppofé fixe, & fa longueur donnée, prenez garde qu'il y ait une proportion entre
cette hauteur & la grandeur du plan : on entend
par hauteur, la diftance perpendiculaire du trou
du gnomon au mur. Pour divifer le demi-cercle
avec plus de facilité, mettez le centre de votre
Rapporteur, Figure premiere, au point Q, zéro
fur la fouftilaire : marquez pour les heures des
angles de quinze dégrés en quinze dégrés, &
pour les demies, de fept & demi : conduifez les
lignes par le centre Q, leurs interfections avec
l'équinoxiale vous donneront les points des heures,
par lefquels du centre G tracez les lignes horaires.

CHAPITRE XV.

Conftruire le même Cadran par l'Equinoxiale fans avoir la déclinaifon du plan, ni la hauteur du pole.

AYANT votre gnomon placé à demeure, fon point d'incidence fur le plan E, Figure 13, par lequel menez les deux lignes perpendiculaires, A, B, C, D; le jour de l'équinoxe de Mars ou de Septembre, marquez dans la journée plu- fieurs points d'ombre affez diftants les uns des autres; huit ou dix fuffiront : marquez-les de- puis huit heures jufqu'à quatre du foir, fi le plan ne décline pas beaucoup, par lefquels vous tra- cerez la ligne équinoxiale qui fera droite. L'en- droit où elle coupera la ligne A, B, donnera le point de fix heures. Portez fur la ligne C, D, la diftance du trou de votre gnomon au mur, comme de E en C, puis fur C, ajuftant l'angle droit d'une équerre, un côté paffant par fix heures ; l'autre la ligne A, B, au point 12, fur laquelle tombera à plomb la méridienne; enfuite tirez par le point E une perpendiculaire à l'équinoxiale L, M, pour avoir la fouftilaire E, G; G, centre du Cadran, le refte comme il eft dit par la méthode précédente, comme G par F, E I, I N, N Q; l'angle C, E, F, eft celui de la déclinaifon du mur.

Fig. 13.

CHAPITRE XVI.

Méthode facile de tracer un Cadran vertical déclinant,
par le moyen d'un Cadran horizontal.

LE plan vertical fur lequel vous voulez tracer
votre Cadran, étant bien dreffé & perpendiculaire, pofez de niveau, à une diftance proportion-
née à la grandeur que vous voulez donner à votre
Cadran, un autre Cadran horizontal d'un pied
quarré pour le moins, que vous mettrez fur l'heure
du foleil; prenez enfuite une regle bien droite,
dont une extrémité fera en pointe, que vous aurez noircie avec de la pierre noire bien tendre;
pofez-la fucceflivement fur chaque ligne horaire,
de forte que le bout touche le mur, & marque
fon point de rencontre; ce que vous ferez à toutes
les heures : préfentez enfuite la regle deffus le
ftyle ou axe du Cadran horizontal, de forte qu'un
bout touche le mur; ce point d'attouchement fera
le centre du Cadran par lequel, & les points
déja marqués, vous tracerez les lignes horaires.

Pour conferver l'angle que doit avoir l'axe, prenez une fauffe équerre; préfentez-la fur le mur
perpendiculairement, & ouvrez-la, de forte qu'une
de fes branches donne exactement au long de l'axe
du Cadran horizontal, & donne fon angle : tra-

cez ; au long de la branche qui touche le mur,
une ligne qui paſſe par le centre ; elle ſera la ſouſti-
laire : tranſportez, ſi vous voulez, cet angle ſur un
carton, pour qu'il puiſſe vous ſervir à placer l'axe
avec juſteſſe. Obſervez de ne pas poſer votre Cadran horizontal tout au bas de votre plan, où
vous devez tracer le Cadran, mais d'en laiſſer un
quart en deſſous. Pour juger où il doit être placé, préſentez d'abord la regle ſur ſon axe, &
voyez où donnera le centre du Cadran vertical :
ſi vous voyez qu'il donne trop bas ſur le plan,
élevez davantage le Cadran horizontal. Examinez auſſi où donneront les dernieres heures de part
& d'autre : cette méthode eſt bien ſimple & fort
exacte; quelques Auteurs l'ont donnée ; mais au
lieu d'une regle, ils preſcrivent un fil. J'ai jugé
qu'une regle opéreroit plus juſte, parce que quand
le fil eſt beaucoup alongé au-delà du Cadran horizontal pour atteindre le mur, on peut facilement
perdre la direction ; & le fil couvrant les lignes,
on ne juge pas facilement s'il la conſerve. Ne
vous ſervez pas de l'échafaud pour poſer deſſus
votre Cadran horizontal ; en marchant vous don-
neriez des ſecouſſes qui dérangeroient tout. J'i-
magine qu'il ſeroit mieux de ſceller deux barres de
fer, ou deux bois dans le mur, longs de deux pieds
& demi en dehors, & diſtants l'un de l'autre de
ſept pouces. Poſez deſſus votre Cadran horizontal

bien orienté : donnez à la longueur de fon axe
le plus de longueur que vous pourrez , pour avoir
le centre fur le mur avec plus de jufteffe. Il faut
auffi, pour parer l'inconvénient de l'épaiffeur du
ftyle, tracer une ligne à chacun de fes côtés, &
prendre le milieu, duquel vous abaifferez une
perpendiculaire au mur, pour tracer la fouftilaire
fur laquelle doit être placé l'axe.

CHAPITRE XVII.

Méthode pour trouver le pied du Gnomon fur le plan
& fa longueur.

Fig. 14. C'EST-A-DIRE, une perpendiculaire qui, partant du milieu du trou du gnomon, donne fa diftance au mur. Mettez dans le trou du gnomon
un bouchon de bois bien rond, & en traçant fa
circonférence avec un petit compas, confervez
le centre : faites en forte que le bouchon ne forte
pas en deffous du gnomon, mais le rafe; autrement il faudroit compter l'excédant. Enfuite prenez un compas de Maçon dont vous aurez recourbé
une pointe en dehors ; placez cette pointe en
deffous du gnomon, fur le centre du bouchon, &
tracez un cercle grand à volonté fur le mur, par
l'autre pointe. Pour trouver le centre de ce cercle, faites trois points à volonté fur fa circonfé-

rence, comme A, B, C, Figure 14 : ouvrez un
compas plus léger que l'autre, du double de la
distance d'un point à l'autre : posez une pointe
sur A ; décrivez deux arcs, l'un en-dedans, l'autre
en dehors, comme E, D. Portez votre compas,
toujours de la même ouverture, sur le point B ;
faites encore deux arcs qui couperont les deux
premiers ; & par leurs interfections, tracez la
ligne E, D ; du point B, décrivez deux autres
arcs, P & G ; de l'autre point C, décrivez-en
encore deux autres qui les coupent en P & en
G : menez, par ces interfections, la droite P,
G ; elle coupera E, D, au point T, qui fera le
centre du cercle. Si on défire avoir la longueur
juste de cette distance perpendiculaire du centre
du gnomon à celui du cercle tracé sur le mur,
faites construire par un Menuisier deux petits bois,
qui, réunis l'un sur l'autre, formeront un petit
bâton rond, les extrémités en pointes arrondies :
sur chacune de leur face sera formée une rainure
en queue d'aronde, dont l'une saillante, l'autre
creusée, pour pouvoir faire glisser ces deux pieces
l'une sur l'autre : on doit en faire faire de différentes grandeurs, selon l'étendue des plans. On
vend des crayons de plomb de mer, construits de
cette maniere ; divifez-les en pouces & en lignes,
les lignes vers l'extrémité intérieure de la piece
qui coule sur l'autre.

CHAPITRE XVIII.

Cadran dans un demi-globe concave.

Fig. 15. CE Cadran eſt un des plus jolis & des plus juſtes qu'on puiſſe faire, s'orientant par lui-même ſans ſavoir l'heure auparavant; il repréſente la ſphere : ſon ſtyle, l'axe du monde : les ſignes du Zodiaque, ou les jours des mois, ſervent à l'orienter. Son bord repréſente l'horizon, ſur lequel on voit le lever & coucher du ſoleil dans tous les mois de l'année. Toute la difficulté de ſa conſtruction conſiſte à le creuſer bien rond, & à conſerver exactement ſon bord, qui doit terminer juſte la moitié du globe, faiſant ſon diametre. On peut le faire couler en cuivre ou autre métal; le cuivre eſt moins ſujet à être mangé par l'intempérie de l'air. Ceux qui ne voudront point faire cette dépenſe, le conſtruiront en pierre, ou mieux encore en marbre; on peut lui donner à l'extérieur la forme d'un beau vaſe pour orner un jardin; il ſera bon de le couvrir, il ſe conſervera plus long-temps; & pour que l'eau ne ſéjourne pas dedans, on fera un petit trou en biais pour qu'elle ſorte de côté.

Pour ſa conſtruction, on fera faire un demi-cercle de fer ou de carton fort, de la grandeur du

diametre dont vous voulez faire votre Cadran : il
faut même en avoir plufieurs. Vous en conferve-
rez un dont vous alongerez le diametre d'un
bon pouce, pour examiner s'il touche exactement
le Cadran dans toutes fes parties, fur-tout le cercle
de l'horizon. Commencez par bien dreffer votre
pierre en deffus ; tracez par fon milieu deux cercles, deux diametres à angle droit, le premier
cercle, une demi - ligne de plus que le fecond.
On appercevra la néceffité de ce plus grand cercle, en travaillant le Cadran, ce que l'on ne fera
pas obligé de faire, s'il eft de cuivre ; car il ne
fuffit pas de le creufer avec le cifeau, il faudra
encore prendre un grès arrondi d'un côté, & avec
de l'eau & du fable le travailler, en faifant aller
la main circulairement dans toutes fes parties, &
ne laiffer aucune cavité. Ayez d'abord un cercle
de carton un peu plus petit, pour le préfenter
quand vous l'aurez dégroffi, pour juger où il en
faut ôter encore : commencez par les deux diametres pour le creufer enfuite par le milieu de
leurs intervalles, en avançant vers le centre in-
férieur ; il fera bon d'examiner fi on ne le creufe
pas trop.

Le tout étant bien fini, prenez fur le bord
le quart de fa circonférence, c'eft - à - dire, la
moitié du diametre, avec un compas dont vous
aurez recourbé les pointes en dehors. Un pied

fur B, & de l'autre décrivez le demi-cercle A, C, qui fera la méridienne, paſſant par le centre E. Du point A, marquez la hauteur du pole juſqu'à F; portez la même diſtance du centre E en G, pour le cercle de l'équateur; ce qu'on fera facilement, en ſe ſervant d'un demi-cercle de carton, fur lequel vous marquerez ces angles. Portez votre carton au long de la méridienne, le diametre touchant le bord A : prenez enſuite, avec le compas, la diſtance F, G, & tracez la ligne équinoxiale B, G, D; diviſez-la en douze parties égales de chaque côté de la méridienne, pour les heures & les demies. Comme le Cadran marque ſeize heures, & qu'il n'y en a que douze au long de l'équinoxiale, ajoutez quatre diviſions au-delà pour cinq heures, quatre heures du matin, & ſept & huit du ſoir, avec leurs demies. L'ouverture du compas étant de ſix parties du cercle du Cadran, il vous ſuffira de le parcourir fur l'équinoxiale pour les points des heures; pour les demies, partagez-en une en deux; poſez le compas deſſus, & parcourez de côté & d'autre, comme vous avez fait pour les heures. Prenez garde d'enfoncer trop la pointe de votre compas, dont les pointes doivent être tant ſoit peu recourbées en dehors; car autrement, vos lignes ſeroient inégales. Faites paſſer votre compas en ſens contraire, vous jugerez par-là ſi vos diviſions ſont

juſtes :

juftes : vous pouvez auffi les marquer fur le bord
d'un de vos cartons , & le préfenter fur l'équinoxiale midi fur midi , & marquer de petits points à
leurs rencontres.

Enfuite, avant de tracer les cercles de vos heures,
il faut marquer fur le cercle méridien la diftance
de l'équateur aux deux folftices : prenez encore
un nouveau carton ayant fa perpendiculaire au
diametre ; prenez de chaque côté un angle de 23
dégrés 28 minutes pour les deux folftices ; enfuite
un autre de 20 dégrés 12 minutes ; plus un autre
de 11 dégrés 30 minutes. Tracez des lignes du
centre de votre carton à fa circonférence de la
valeur de ces angles , & portez votre carton fur
la méridienne ; marquez les points de rencontre ,
en mettant toujours votre perpendiculaire fur le
point d'interfection de votre équinoxiale avec la
méridienne ; & par F , tracez des cercles par ces
points jufqu'au bord de l'horizon : conduifez enfuite vos heures feulement jufqu'aux deux derniers
fignes , qui font les tropiques , le compas toujours
ouvert de fix parties : vous marquerez fur le bord de
l'horizon les fignes ou les jours des mois, fix de
chaque côté.

Le ftyle , qui doit être de la longueur de la moitié
du diametre , fera placé au point F, qui eft le pole an-
tarctique ; vous le ferez de cuivre : donnez-lui
la forme d'un fceptre , dont la bafe fera un peu

D

élargie, pour plus de solidité ; l'extrémité en forme
d'une petite boule un peu alongée en pointe, laquelle doit se trouver au centre du demi-globe ;
de sorte qu'en posant un fil sur les deux diametres du cercle horizontal, il touche précisément
son milieu en dessus. Si le Cadran est de pierre,
peignez-le à l'huile, les heures en noir, les demies & les cercles des signes en rouge : deux
couches suffiront. Le tout étant séché, donnez
par tout le Cadran deux couches en blanc, mêlées d'un peu de bleu de Prusse. Avant que chacune de ces deux couches soient séchées entiérement, prenez un petit bâton pointu que vous
ferez passer sur vos lignes, pour ôter le blanc
qui les couvre, & faire reparoître leur couleur ;
ce que vous répéterez à la seconde couche ; vos
lignes, par ce moyen, seront nettes & min-
ces. Si le Cadran est de cuivre, au lieu de
le peindre, il faut l'argenter avec une com-
position dont je donnerai la recette à la fin
du Livre ; (elle ne coute presque rien) : j'a-
jouterai encore d'autres recettes très-utiles dans
les arts. Pour l'usage, tournez le Cadran jusqu'à
ce que l'extrémité du style rencontre par son ombre
le jour du signe du mois : il faut supposer que
les signes sont partagés en trente parties comme
les mois, & examiner cette distance quand on
voudra l'orienter, en cas qu'il soit portatif. Ce

Cadran doit être placé horizontalement & de niveau.

CHAPITRE XIX.

Cadran polaire en demi-cercle concave, montrant l'heure sans style.

PRENEZ un cube de pierre d'un grain très-fin, Fig. 17. un peu plus large que haut; faites sur les deux côtés A, D, B, C, l'angle de la hauteur du pole : tracez une ligne droite à l'équerre par haut & par bas de D en C & de A en B; A & B sommet de l'angle de la hauteur du pole : laissez des deux côtés un pouce de la largeur du plan. Décrivez du milieu de ces lignes, G, E, un demi-cercle; évidez tout ce qui est contenu dans ces demi-cercles, pour avoir la concavité de ce cylindre, ayant soin de conserver les vives arrêtes des deux côtés en dedans : partagez-le en six parties égales pour les heures; tracez des lignes parallèles entr'elles du haut en bas; marquez les chiffres des heures en haut, 6, 7, 8, 9, 10, 11, & en bas 12, 1, 2, 3, 4, 5. Peignez le tout comme vous avez fait au Cadran précédent; ce Cadran est bien simple & très-juste, si on a soin de bien former sa circonférence & ses deux côtés, qui servent de style; placez ce Cadran, la concavité regardant le mi-

D 2

di, mettez un niveau fur les points C, D, pour
qu'il foit bien parallele à l'horizon; ce qui eft re-
tranché du cube laiffe le refte naturellement incliné vers le pole. Il eft midi, fix heures, quand
les côtés ne donnent point d'ombre.

CHAPITRE XX.

Cadran portatif par les hauteurs du foleil.

Fig. 18. CE Cadran fe trace fur une plaque de cuivre
ou d'ivoire, de carton, fur le couvercle d'un Livre
qu'on porte ordinairement; plus il fera grand,
meilleur il fera.

Ce Cadran eft le plus jufte de tous ceux qu'on
fait par les hauteurs du foleil : vers midi feulement on ne peut bien voir l'heure, la diftance
étant trop petite, d'onze heures à midi; d'ailleurs,
on ne fait fi on eft devant ou après-midi, puifqu'il
faut que l'ombre du foleil revienne fur le plan
pour les heures du foir, comme l'ufage l'apprendra.

Soit donc A, B, C, D, le plan fur lequel
on veut le tracer; ayant fait une bordure autour
des quatre côtés, & laiffé par le bas un efpace
pour y tracer les chiffres des heures, & un autre
en haut pour celles de l'après-midi; plus tout en bas
un intervalle fuffifant pour y tracer les dégrés d'un
qaurt de cercle, & en haut, au-deffus du centre,

une parallele pour y mettre un petit morceau de parchemin, qui fe pliera fur cette parallele, pour
l'ufage que j'indiquerai ci-après. Divifez l'intervalle depuis G jufqu'à K, en dix-huit parties égales; en forte que le refte E, G, foit au moins
le tiers de E, K, & du point E comme centre;
on décrira fort légérement des arcs de cercle par
ces dix-huit divifions. Servez-vous du Rapporteur
pour divifer le quart de cercle : trois arcs de divifion ferviront pour chaque figne ou mois, chacun
donnant l'intervalle de dix jours ou de dix dégrés
du figne : remarquez que les cercles des fix fignes
ferviront deux fois dans l'année, comme de Décembre en Juin, & de Juin en Décembre.

La premiere divifion G, O, commence au figne
du Cancer ♋, le dernier K, V; le commencement du Capricorne ♑ vers le 20 Décembre,
ainfi des autres. Pour tracer ce Cadran, il faut
fe fervir des Tables des hauteurs du foleil qui font
à la fin du Livre, calculées pour différentes hauteurs du pole; par exemple, celle de 49 dégrés,
où l'on trouvera la hauteur du foleil à midi de
64 dégrés 28 minutes pour le premier point du
Cancer, qui eft l'arc G, O. Ayant placé le Rapporteur le centre en E, faites paffer la regle fur
les 64 dégrés 28′, & marquez fur l'arc G, O,
le premier point du figne du Cancer ♋ pour midi; on fera la même chofe pour chaque dixieme.

D 3

des signes, en suivant la même ligne de la Table en descendant pour la même heure, ainsi des autres heures, qui ont chacune leur colonne du haut en bas. Observez seulement que les cercles des signes servent deux fois, & qu'au lieu du dixieme jour du signe qu'on met sur la gauche, on met à droite 20. Si on ne veut marquer que les jours du mois, au lieu de 10, on compte le premier du mois; & au lieu de 20 à droite, on compte le 10 du mois : la raison est que les signes arrivent vers le 20 du mois : je conseille de mettre les mois de préférence. Pour les lignes des heures : par tous les points des hauteurs du soleil pour chaque heure, il faut faire passer des courbes d'abord très-légérement, & ensuite les perfectionner en les fortifiant. Marquez les mois ou les signes comme il vous plaira, sur l'espace réservé autour du Cadran. Quand tout sera fini, coupez l'excédant du quart de cercle. Pour voir l'heure, on attachera deux petites pinnules en A & B : si c'est un carton, on se contentera de mettre un morceau de parchemin fort entre les deux lignes B, E, & de la même largeur. Coupez l'intervalle B, E, pour glisser & coller en-dessous une partie du parchemin, afin que le reste qui sort au-dehors, puisse se plier & s'élever perpendiculairement sur le plan. Si le Cadran est de bois, faites-en excéder une partie des deux côtés, de

quatre lignes de large fur fix de haut , & percez-y un petit trou à chaque, fe regardant l'un
l'autre & parallelement à la ligne A, B. Au point
E, comme centre, faites paffer une foie à laquelle
vous attacherez un plomb ; paffez dans cette foie
une petite tête d'épingle qui ne gliffe pas trop
facilement. Quand vous voudrez voir l'heure , vous
mettrez votre petite perle fur le jour du figne ou
du mois : préfentez verticalement votre Cadran
au foleil , en forte que le trou de la pinnule B,
ayant reçu la lumiere du foleil, aille la porter à
l'autre trou de la pinnule A. Pour celui qui eft
fait fur du carton, élevez le petit parchemin verticalement fur le plan : il fuffit qu'il envoie fon
ombre entre les deux lignes B, A, parallelement.
Le Cadran étant ainfi difpofé, regardez où la
perle s'arrêtera fur les lignes horaires, en touchant
légérement le plan ; ce fera l'heure que vous
cherchez.

On peut encore fe fervir de ce Cadran comme
d'un horizontal ; pour lors il ne faut, ni fil, ni
plomb, ni perle. L'on fera un triangle rectangle
dont le côté, A, B, foit égal à A, B, du Cadran, le côté A, F, perpendiculaire & égal à A,
B ; placez le côté A, B, fur A, B, du Cadran, perpendiculairement fur le plan. Lorfqu'on voudra voir
l'heure, placez le Cadran horizontalement bien de
niveau ; tournez-le jufqu'à ce que l'ombre du côté

D 4

A, F, tombe au long de la ligne A, V; alors l'ombre du côté B, F, coupera la parallele du figne à l'heure qu'il fera. Il faut faire un perpendicule près du côté A, F, & une ouverture vers le bas pour le plomb; cela fervira à mettre le Cadran de niveau. Faites le plomb & le bas du perpendicule comme je l'ai dit plus haut; il fera plus utile, & donnera le niveau de tout fens.

CHAPITRE XXI.

Du Cadran équinoxial.

CE Cadran eft très-aifé à faire; il ne demande point de modele. Divifez un cercle en vingt-quatre parties égales pour les heures; fon ftyle au centre doit être perpendiculaire fur le plan : placez ce Cadran regardant le nord, incliné à la hauteur de l'équateur, complément de la hauteur du pole, c'eft-à-dire, que fi le pole eft élevé de 49 dégrés, l'équateur le fera de 41. Il faut tracer les heures en deffus & en deffous, & prolonger le ftyle en deffous aufli; car le foleil étant fous l'équateur en hiver, il n'éclairera plus la partie fupérieure. Si on évide ce Cadran, de forte qu'il ne faffe qu'un anneau, & traçant les heures fur fon épaiffeur, le ftyle y marquera les heures plus fenfiblement, fur-tout aux équinoxes, temps où le foleil eft

parallele au plan. On le rend univerſel, en mettant
ſur ſon côté un quart de cercle gradué : on éleve
le Cadran ou on le baiſſe ſelon la hauteur de
l'équateur. Vous ſupprimerez le reſtant du cercle
depuis quatre heures du matin & huit heures du
ſoir, le ſoleil n'étant ſur notre horizon que ſeize
heures; car cette partie vous cacheroit les heures
au temps des équinoxes; de ſorte que le plan ne
ſeroit nullement éclairé.

CHAPITRE XXII.

Cadran ſur la ſurface d'un globe convexe.

Ce Cadran fait un bel ornement dans un jar- Fig. 19.
din, & peut ſervir de pendant au globe concave
décrit plus haut. Ce globe étant bien arrondi,
prenez ſon diametre avec un compas ſphérique;
ſi vous n'en avez pas, recourbez les pointes d'un
grand compas de fer depuis le milieu de ſes branches
en dedans; préſentez-le ſur le globe juſqu'à ce
qu'il embraſſe ſa plus grande groſſeur; marquez
un petit trait de chaque côté; portez une de ſes
jambes au côté oppoſé, & voyez ſi elle touche
les mêmes traits. S'il y avoit de l'erreur, parta-
gez-la en deux, & examinez de nouveau ſi vous
êtes plus juſte, & ſi vous avez exactement le diametre du globe par lequel vous tracerez un cer-

cle ; d'un point pris fur ce cercle, vous en tracerez un autre avec la même ouverture de compas. Ces deux, fi elles font tracées juftes, formeront des angles droits ; l'un, le cercle méridien, B, C, D, E; A pris pour le centre, &
le cercle C; E pour l'horizon : comptez de E
en allant vers B, la hauteur du pole, E, F; tracez
par A, F, G le cercle de fix heures, repréfentant
l'axe du monde, & paffant par les deux poles F,
G; le point B eft le zénith, D, le nadir; c'eft-
à-dire, la perpendiculaire à l'horizon, que vous
tracerez par un autre cercle; c'eft à ce point D
qu'il faudra, quand le Cadran fera fini, creufer
un trou pour y mettre un boulon de fer qui for-
tira en dehors de quelques pouces, pour fixer le
globe fur fa bafe. Enfuite du point F, le compas
ouvert du demi-diametre, tracez le cercle équinoxial qui fe trouvera divifé en quatre parties,
par le cercle méridien & celui de fix heures; enfuite comptez fur le méridien, à partir du point
A de l'équateur, les cercles des deux tropiques,
de 23 dégrés 28 minutes de chaque côté, pour
ne point faire de confufion. Ne tracez vos cercles
horaires que jufqu'à ces deux tropiques; tracez
encore par les poles deux petits cercles pour les
zones glaciales ; pour les lignes horaires, divifez
le cercle équinoxial en 24 parties, égales pour les
heures, & 48 pour les demies ; & à partir du cercle

de six heures, tracez avec le compas ouvert du demi-diametre, les cercles horaires que vous conduirez seulement jusqu'aux tropiques, & depuis les zones glaciales jusqu'à un petit cercle que vous ferez près des poles. Gravez les heures près de la ligne équinoxiale & aux cercles des zones glaciales, midi au cercle méridien, six heures à l'orient & au couchant. A chaque pole, mettez un style droit, sur lequel tournera un demi-cercle de cuivre, large d'un pouce, épais d'une bonne ligne.

Quand vous voudrez voir l'heure sur ce globe, vous tournerez ce demi-cercle jusqu'à ce qu'il ne fasse plus d'ombre au soleil sur le globe; ce sera pour lors l'heure qu'il doit être. Les deux styles ou axes du monde donneront aussi l'heure autour des zones glaciales; elles feront de véritables Cadrans équinoxiaux.

CHAPITRE XXIII.

Tracer un Cadran sur le plafond d'un appartement, par réflexion.

AVEZ un petit godet de fer ou de verre dont vous ôterez le poli, ayant une base quarrée de six lignes de diametre, & creusé en dessus circulairement de quatre lignes de profondeur, comme feroit le dedans d'un dé à coudre, mais moins profond : posez-le sur une fenêtre, à un endroit qu'on aura marqué par des traits, pour qu'on puisse, l'ayant ôté, le remettre toujours à la même place ; vous le remplirez de mercure que vous aurez soin de purifier de poussiere de temps en temps. Disposez-le sur la fenêtre, du côté où vous jugerez qu'il pourra renvoyer le point de lumiere sur le plafond plus long-temps. Mettez votre montre ou une pendule bien réglée sur l'heure, d'après un bon Cadran, ou une Méridienne : marquez à chaque heure & demi-heure des points sur le plafond, avec un crayon, aux endroits où la lumiere de votre mercure sera réfléchie ; ce que vous répéterez de mois en mois vers le 20, sur-tout aux deux solstices de Décembre & de Juin, & aux équinoxes de Mars & Septembre. Tracez par ces points des lignes légeres, & les chiffres des heures ; & par les points des signes, des lignes courbes qui traverseront celles des heures, excepté la ligne équinoxiale qui sera droite : le mercure n'a pas l'inconvénient d'un morceau de miroir, qui donne deux points de lumiere à-la-fois, parce que l'épaisseur du verre qui domine sur le mercure dont il est couvert en dessous, forme deux réflexions différentes.

CHAPITRE XXIV.

Cadran portatif, dit le petit Capucin.

On peut le faire fur une carte à jouer, fur Fig. 81.
une petite planche de bois ou de cuivre. Décrivez
un cercle proportionné à la grandeur de votre
plan, dont le centre eft A , & le diametre B,
12, horizontalement: divifez-le en 24 parties égales
en commençant par B; tracez par les divifions oppofées des lignes paralleles entre elles & perpendiculaires au diamettre B, 12, elles feront les heures
du Cadran; celles qui paffent par le centre A,
pour fix heures. Du point 12, faites avec le diametre B, 12, l'angle de la hauteur du pole, 12,
D ; du point D, rencontre de la ligne de fix
heures, tracez une ligne perpendiculaire E, F,
à la ligne 12, D; faites fur cette ligne un angle
de chaque côté, à partir du point 12, de 23 dégrés 28 minutes par les deux points d'interfection
♉, ♋; tracez un cercle que vous diviferez en
douze parties égales; tirez des lignes parallelement à celle de la hauteur du pole par deux divifions oppofées, comme vous avez fait au cercle
des heures; chaque interfection vous donnera les
20 de chaque mois, que vous marquerez à chaque
divifion en deffus, pour les fix mois de Juin à

Décembre, & en deſſous pour de Décembre en
Juin : le point du milieu ſervira pour les deux
équinoxes de Mars & Septembre. Pratiquez une
fente d'un bout à l'autre de la ligne ♑, ♋, pour
y laiſſer couler un fil attaché à un petit plomb,
auquel vous paſſerez une tête d'épingle. Par chacune des diviſions des mois, poſez la pointe d'un
compas ; elles ſerviront de centre pour tracer par
le point 12 les arcs des ſignes que vous conduirez juſqu'à la ligne horaire de 4 & 8 heures : ces
arcs de cercles formeront une eſpece de capuchon.
Au long de la ligne de 4 & 8 heures, deſſinez une
tête de Capucin ; tracez une ligne parallele à celle
B, 12, au haut de votre plan ; & au bout C, rivez
une petite pointe, pour prendre la hauteur du
ſoleil. Si le Cadran eſt tracé ſur une carte ou
carton, prenez une petite bande de parchemin,
dont vous collerez un bout près de l'extrémité
de la ligne C, & vous éleverez le reſte à angle
droit ſur le plan, que vous dirigerez vers le ſoleil, de ſorte qu'il envoie ſon ombre au long de
la ligne C, en tenant le Cadran perpendiculairement, le côté regardant le ſoleil : coulez auparavant votre fil ſur le jour du mois, & la tête d'épingle ſur l'autre Zodiaque où ſont écrits les mois,
lequel raſe la figure du Capucin, où s'arrêtera la
tête d'épingle, ce ſera l'heure cherchée.

CHAPITRE XXV.

Compofition pour argenter le cuivre.

METTEZ diffoudre fur le feu un gros d'argent
de galons, avec une once d'eau-forte dans un creu-
fet; quand l'argent fera diffout, mettez - y pour
un fol de fel ammoniac, & pour autant de fal-
pêtre ; & lorfque le tout eft bien lié enfemble,
vous y ajouterez du tartre blanc bien pulvérifé,
jufqu'à ce que le tout faffe une pâte. Pour s'en
fervir, il faut bien polir votre cuivre, & éviter
que toute matiere graffe n'imbibe le cuivre; enfuite vous prendrez du fel ordinaire que vous
ferez fondre exactement dans un peu d'eau ; &
de cette eau, enduifez le cuivre. Prenez un peu
de la compofition dont vous frotterez le cuivre
avec un bouchon, ou avec le pouce : quand il fera
affez blanchi, vous le laverez dans l'eau nette,
& le ferez fécher devant le feu, ou au foleil.

CHAPITRE XXVI.

Recette pour bronzer pierre, bois, ou autres matieres,
de forte que le bronze ne fe ternira pas à l'eau.

VOUS prendrez deux onces d'huile de lin, une
once de litharge d'or, deux onces d'ochre, le tout

broyé enſemble , & l'appliquer avec un pinceau
à trois couches différentes : étant preſque ſec, vous
appliquerez le bronze légérement avec un pinceau
de poil d'ours.

CHAPITRE XXVII.

Mortier pour un Cadran contre un mur.

Prenez de la chaux vive délayée avec de la
bourre bien fine, un peu de crottin de cheval,
deux tiers de ſable fin de riviere, & un tiers de
glaiſe, qu'on mêle avec la chaux ; bien battre
le tout enſuite : enſuite on délaie dans ce mortier vingt livres de bon plâtre ; mais il ne faut
mettre du plâtre que ſur à meſure qu'on emploie
le mortier, ou qu'on avance l'ouvrage. On fait
pour cela une cavité dans le mortier, dans laquelle
on met du plâtre à proportion, & on le gâchera
pour s'en ſervir dans le moment.

CHAPITRE XXVIII.

Compoſition du Vernis anglois pour conſerver le poli
& ôter la mauvaiſe odeur des inſtruments de cuivre.

Prenez demi-once de karabé jaune, ou ſuccin,
ou ambre, ce qui eſt la même choſe, qu'on mettra

en

en poudre très-fine, & paſſée au tamis de ſoie
très-fin; enſuite demi-once de gomme laque en
grain, que l'on mettra en poudre auſſi : neuf
grains de ſafran Gâtinois en poudre, dix grains
de ſang de dragon en larme concaſſé, dix onces
de bon eſprit-de-vin bien déphlegmé & à épreuve
de poudre. On fait cette épreuve ainſi : l'on met
dans une cuiller à bouche une petite pincée de
poudre à tirer; on la remplit d'eſprit-de-vin, auquel on met le feu avec un morceau de papier
allumé : lorſque l'eſprit-de-vin ſera entiérement
conſumé, la poudre doit ſe trouver aſſez ſeche
pour s'enflammer ſubitement, comme ſi elle n'a-
voit pas touché l'eſprit-de-vin; ſi la poudre ne
s'enflamme pas, ou qu'elle prenne comme une
fuſée, l'eſprit-de-vin ne ſera pas propre à faire
ce vernis. On prendra une bouteille de pinte bien
ſeche & nette; on y verſera l'eſprit-de-vin & le
karabé, & on agitera la bouteille; on en coëffera
l'orifice avec un morceau de parchemin mouillé
qu'on liera bien avec une ficelle : on fera au milieu de ce parchemin un petit trou avec une épingle
qu'on y laiſſera; on prendra un chauderon, dans
lequel on mettra du foin au fond, afin que la
bouteille ne touche point le fond du chauderon,
& l'on y verſera une quantité d'eau convenable,
afin qu'elle ne ſe renverſe pas en nageant dans
l'eau; ou pour la faire tenir droite, on couchera

E

en travers du chauderon une pincette qui em-brassera le col de la bouteille ; on mettra ce chau-deron sur un trépied de fer, & on fera un feu suffisant pour que l'eau soit bien chaude sans la faire bouillir : à mesure que l'eau chauffera, on ôtera pendant un moment, de temps en temps, l'épingle, afin que l'esprit-de-vin se raréfiant, ne fasse pas casser la bouteille : on l'ôtera du chauderon de demi-heure en demi-heure, & tout près du feu : on l'agitera un moment, ôtant toujours l'épingle quand on fera cette opération, & on la remettra aussi-tôt. Nous disons qu'il ne faut pas l'éloigner du feu, de peur que l'air froid ne fasse casser la bouteille. On fera ainsi chauffer pendant quatre à cinq heures, en-suite on cessera d'entretenir le feu pour laisser refroidir la bouteille par dégrés : on l'ôtera alors du feu ; on l'ouvrira entiérement, & on y mettra les autres drogues ; on coëffera la bouteille comme auparavant avec le parchemin, & on le liera. L'on remettra la bouteille dans le chauderon, après l'avoir bien remuée, ôtant l'épingle pendant cette opération : on recommencera à faire du feu, & l'on fera tout le reste comme il est dit ci-dessus pendant quatre ou cinq heures, & le vernis sera fait. On laissera refroidir la bouteille sans la re-muer davantage. Après quatre ou cinq jours, on versera bien doucement le vernis dans une autre bouteille, tant qu'il deviendra clair : l'on peut paſſer le reſte au travers d'un linge fin; on aura ſoin de tenir la bouteille bien bouchée.

Maniere d'appliquer ce vernis ſur le cuivre.

Il faut que la piece de cuivre ſoit très-polie, même mieux que le poli ordinaire : on la fera chauffer ſur une plaque de tôle miſe ſur un réchaud. La chaleur que la piece doit avoir doit être telle, qu'on ait peine à la ſupporter ſur le deſſus de la main : on fera en ſorte que la chaleur ſoit égale dans toute la piece. On verſera un peu de vernis dans un petit godet; on y trempera un pinceau large de poil de petit gris bien doux; & après l'avoir un peu eſſuyé ſur le bord du godet, on le paſſera ſans l'appuyer beaucoup ſur toute la piece. Il faut faire cette opération adroitement, afin que les repriſes ne paroiſſent point, qu'il n'y ait point d'ondes, ni d'autres taches ſur l'ouvrage : les ouvrages tournés ſur le tour réuſſiſſent toujours plus facilement. Si l'on avoit fait quelques ondes, l'on pourroit y remédier en partie, en approchant la piece contre la plaque de tôle ſans l'y faire toucher. Si l'on déſire que la piece reſſemble plus à celle de l'or, on paſſera de ſuite juſqu'à quatre couches de vernis; mais il faut que la piece ſoit un peu plus chaude, ſur-tout ſi elle eſt groſſe. Si la piece eſt trop groſſe pour la faire chauffer facilement, on pourra alors appliquer le

E 2

vernis fur la piece toute froide, & l'approcher
tout de fuite du feu, pour égalifer le vernis, &
redonner tout le luftre à la piece. Il faut peu
chauffer une piece plane, & la préfenter un peu
éloignée du feu, pour que le vernis s'étende. Si
l'on vouloit dorer une piece d'argent ou d'étain,
il faudroit tripler les dofes de fafran & du fang
de dragon. Ne cherchez jamais à polir vos pieces
vernies avec du blanc d'Efpagne, tripoli, &c. Je
donne la compofition de ce vernis comme très-
utile dans beaucoup de circonftances, pour des
pendules, des chandeliers, des jettons : il n'eft
connu en France que depuis 1720 : il vient des
Anglois; on le faifoit venir, & il coutoit fort cher.

CHAPITRE XXIX.

*Maniere de tranfporter fur le cuivre un Cadran qu'on
auroit d'abord tracé fur le papier.*

Rougissez avec de la fanguine bien pilée &
avec un petit linge le revers de votre papier, fur
lequel vous avez tracé votre Cadran : paffez une
couche de cire blanche très-légere, très-mince &
très-unie fur votre cuivre, en la faifant chauffer
un peu : lorfqu'elle fera froide, on arrêtera bien
le papier fur la plaque, la furface rougie fur la
cire ; alors on fuivra bien exactement fur le papier
tous les traits, avec une pointe d'acier affez fine,

mais un peu émouſſée par la pointe, qui doit être bien adoucie pour ne point déchirer le papier. Cette opération fera marquer en rouge tous les traits : ayez ſoin de couvrir avec un linge fin & bien doux tous les endroits où l'on appuie la main. Quand vous aurez fini votre gravure, faites chauffer la plaque, & la frottez avec un linge : faites attention que la gravure rend à rebours ce que vous aurez tracé ſur le papier, & qu'il faut le tracer auſſi à rebours ſur le papier, ſur-tout les chiffres des heures : ſi on n'y eſt pas accoutumé, mettez contre la vitre votre papier, & marquez avec un crayon vos principaux traits.

CHAPITRE XXX.

Vernis des Graveurs pour graver à l'eau-forte.

Prenez deux onces de cire-vierge, deux onces de ſpalt, que vous pilerez très-fin, demi-once de poix noire, demi-once de poix de Bourgogne. On fera fondre ſur un petit feu la cire ſeule dans un pot de terre verniſſé & neuf ; enſuite on y mettra les autres drogues, en remuant toujours, juſqu'à ce que le tout ſoit bien fondu & bien mêlé.

On verſera la matiere dans une terrine pleine d'eau tiede ; & après avoir un peu pêtri cette compoſition, on en fera des boules un peu plus groſſes qu'une noix, & le vernis ſera fini. Quand vous

E 3

voudrez graver à l'eau-forte, prenez une de ces
boules que vous mettrez dans un nouet de taffetas fort : nettoyez & dégraiffez la plaque avec
du blanc d'Efpagne en poudre & fec; on la fera
chauffer fuffifamment, pour que le vernis fonde
& paffe au travers du taffetas. On vernira ainfi
légérement la plaque, le vernis étant encore chaud
& la plaque. Prenez un autre taffetas dans lequel
vous mettrez du coton, & tapez doucement deffus
le vernis, afin qu'il en enleve le furplus; faites
auffi chauffer ce taffetas. Obfervez de ne pas bruler
votre vernis, foit en l'appliquant, foit en le com-
pofant, car on gâteroit tout. Le vernis étant bien
uni, on le flambera de la maniere fuivante. On
allumera une chandelle de réfine; & tenant la plaque
horizontalement avec une petite pince, la furface
vernie en deffous, on promenera cette chandelle
par toute la furface, tenant la flamme un peu éloignée
pour ne pas bruler le vernis. Pour tranfporter votre
deffein, procédez comme auparavant avec le papier
rouge. Pour graver avec les pointes fur ce vernis, il
faut qu'elles foient moins mouffes. Pour faire prendre l'eau-forte fur les traits, faites autour de la plaque un rebord de cire verte & molle d'environ
quatre lignes de hauteur; enfuite, verfez de l'eau-
forte par deffus de deux bonnes lignes de hauteur : il
faut avant tempérer cette eau-forte avec un tiers
d'eau commune; laiffez agir cette eau-forte pendant

à-peu-près deux heures , & ôtez-la après pour la verï-
fer dans une bouteille : examinez votre ouvrage ; s'il
n'eft pas gravé affez profondément , remettez l'eau-
forte ; il fera bon de faire quelques traits fur le bord
de la plaque pour juger cela : fi le vernis s'écorchoit
en quelques endroits , il faudroit le couvrir avec du
fuif de chandelle fondu qu'on appliqueroit avec le
pinceau.

CHAPITRE XXXI.

*Maniere de préparer les murs, & du mortier convenable
pour y tracer les Cadrans.*

Commencez par ôter tout l'ancien mortier qui
couvre le mur jufqu'aux joints des pierres : prenez
un bon tiers de chaux anciennement éteinte , deux
tiers de gros fable & une partie confidérable de ciment : on gâchera le tout fans y mettre d'eau , jufqu'à
ce que les matieres foient bien mêlées. Pour empê-
cher ce mortier de fendre , mettez-y de la bourre
fuffifamment , bien battue auparavant ; enfuite
mouillez abondamment le mur , & l'on y donnera
une couche de crépi fans repaffer avec la truelle ,
ôtant feulement ce qui pourroit excéder le plan ;
laiffez-la bien fécher brute comme elle eft ; enfuite
attachez deux regles aux côtés de votre plan , de forte
qu'elles foient perpendiculaires au plan , & bien
foutenues dans leur longueur. Vous examinerez s'il

E 4

ne refte pas de trop grand vuide , que vous remplirez avec le même mortier. Laiffez toujours bien
fécher vos couches avant d'en mettre d'autres ;
faites un autre mortier comme le premier fans
bourre ; paffez le fable & le ciment au crible fin ,
& paffez un nouvel enduit : fervez-vous d'une
regle qui paffera fur les deux autres ; faites-y
même une échancrure des deux côtés pour gagner
l'épaiffeur des deux regles. Afin de ne point donner
trop d'épaiffeur à votre plan, faites promener cette
regle en defcendant pour ramaffer le trop de mortier
qu'il faut mettre fur la fin bien clair & bien fin ;
par ce moyen vous aurez votre plan bien uni ;
fur-tout point de truelle , la main de l'ouvrier ,
en repaffant, feroit des ondulations : cette derniere couche doit être très-légere feulement, pour
donner la perfection à votre ouvrage. Ayez foin
de faire redreffer vos regles de temps en temps,
& prenez garde que celles qui font attachées au
mur ne fe courbent pas, ce que vous verrez, en
préfentant une autre regle bien droite fur leur
face. Il eft difficile de faire entendre raifon aux
ouvriers ; ils fuivent leur mauvaife routine. On
voit tous les crépis de murailles tomber prefque
tous les ans. Il n'y a que celui qu'on ne liffe pas
qui réfifte & dure des cents ans ; la raifon , c'eft
qu'en voulant polir le mur lorfque le mortier veut
fe fendre , ils appuient trop fort , & le détachent

du corps où il eſt appliqué ; il vaudroit mieux re-
faire un enduit très-léger , bien clair , & repaſſer
légérement la ſurface. Le tout étant bien ſec, paſſez-
y une couche d'huile de lin ou de noix bien chaude ;
& recommencez juſqu'à ce que votre plan ſoit
bien imbibé , ſans attendre que la premiere couche
ſoit ſeche ; enſuite donnez une couche de cérufe à
l'huile un peu épaiſſe pour conferver ſa blancheur :
l'on peut, ſi l'on veut, y mêler un peu de bleu
de Pruſſe.

F I N.

TABLE
DES CHAPITRES.

Fin de la Table des Chapitres.

APPROBATION.

J'AI examiné par ordre de M. le Garde des Sceaux le *Traité de Gnomonique,* par *M. l'Abbé Polonceau,* & je crois que l'impression en sera utile aux Amateurs. A Paris, ce premier Mars 1788.

DE LA LANDE, Censeur Royal.

Des Angles faits par la Méridienne & les Lignes horaires aux Cadrans horizontaux.

Heures du Matin.	Latitudes, ou Hauteurs du Pole.												Heures du Soir.
	D.	M.	D.	M.	D.	M.	D.	M.	D.	M.	D.	M.	
	43	10	43	20	43	30	43	40	43	50	44	0	
	D.	M.	D.	M.	D.	M.	D.	M.	D.	M.	D.	M.	
45	2	34	2	35	2	35	2	35	2	36	2	36	15
30	5	9	5	10	5	11	5	12	5	13	5	13	30
15	7	45	7	46	7	47	7	49	7	51	7	52	45
XI	10	23	10	25	10	27	10	29	10	31	10	33	I
45	13	4	13	7	13	9	13	12	13	14	13	16	15
30	15	49	15	52	15	55	15	58	16	0	16	3	30
15	18	39	18	42	18	45	18	48	18	51	18	55	45
X	21	33	21	37	21	40	21	44	21	48	21	51	II
45	24	34	24	38	24	42	24	46	24	50	24	54	15
30	27	42	27	46	27	51	27	55	27	59	28	4	30
15	30	58	31	3	31	7	31	12	31	16	31	21	45
1X	34	23	34	28	34	33	34	38	34	42	34	47	III
45	37	58	38	3	38	8	38	13	38	18	38	23	15
30	41	43	41	49	41	54	41	59	42	4	42	9	30
15	45	41	45	46	45	51	45	56	46	2	46	7	45
VIII	49	50	49	55	50	1	50	6	50	11	50	16	IV
45	54	13	54	18	54	23	54	28	54	33	54	38	15
30	58	48	58	53	58	58	59	2	59	7	59	11	30
15	63	37	63	41	63	45	63	49	63	53	63	57	45
VII	68	37	68	40	68	43	68	47	68	51	68	54	V
45	73	47	73	50	73	53	73	56	73	59	74	1	15
30	79	7	79	8	79	10	79	12	79	14	79	16	30
15	84	32	84	33	84	34	84	35	84	36	84	37	45
VI	90	0	90	0	90	0	90	0	90	0	90	0	VI

Des Angles faits par la Meridienne & les Lignes horaires aux Cadrans horizontaux. 44 d. 10'

Heures du Matin.	Latitudes, ou Hauteurs du Pole.						Heures du Soir.
	D. M.	D. M.	D. M.	D. M.	D. M.	D. M.	
	44 10	44 20	44 30	44 40	44 50	45 0	
	D. M.	D. M.	D. M.	D. M.	D. M.	D. M.	
45	2 37	2 37	2 38	2 38	2 39	2 39	15
30	5 15	5 15	5 16	5 17	5 18	5 20	30
15	7 53	7 55	7 56	7 58	7 59	8 0	45
XI	10 35	10 36	10 36	10 40	10 42	10 44	I
45	13 18	13 21	13 23	13 25	13 28	13 30	15
30	16 6	16 9	16 11	16 14	16 17	16 19	30
15	18 58	19 1	19 4	19 7	19 10	19 13	45
X	21 55	21 58	22 2	22 6	22 9	22 12	11
45	24 58	25 2	25 6	25 10	25 14	25 17	15
30	28 8	28 12	28 17	28 21	28 25	28 29	30
15	31 26	31 30	31 35	31 39	31 44	31 48	45
IX	34 52	34 57	35 2	35 6	35 11	35 16	III
45	38 28	38 33	38 38	38 43	38 48	38 53	15
30	42 15	42 20	42 25	42 30	42 35	42 40	30
15	46 12	46 17	46 22	46 27	46 32	46 37	45
VIII	50 21	50 26	50 32	50 36	50 41	50 46	IV
45	54 43	54 47	54 52	54 57	55 2	55 7	15
30	59 16	59 21	59 25	59 30	59 34	59 38	30
15	64 2	64 6	64 10	64 14	64 18	64 21	45
VII	68 58	69 1	69 5	69 8	69 12	69 15	V
45	74 4	74 7	74 9	74 12	74 15	74 17	15
30	79 18	79 20	79 22	79 24	79 25	79 28	30
15	84 38	84 39	84 40	84 40	84 41	84 42	45
VI	90 0	90 0	90 0	90 0	90 0	90 0	VI

Des Angles faits par la Méridienne & les Lignes horaires aux Cadrans horizontaux. 45 d. 10'

Heures du Matin.	Latitudes, ou Hauteurs du Pole.											Heures du Soir.
	D.	M.	D.	M.	D.	M.	D.	M.	D.	M.	D.	M.	
	45	10	45	20	45	30	45	40	45	50	46	0	
	D.	M.	D.	M.	D.	M.	D.	M.	D.	M.	D.	M.	
45	2	40	2	40	2	41	2	41	2	42	2	42	15
30	5	20	5	21	5	22	5	23	5	24	5	25	30
15	8	2	8	3	8	4	8	6	8	7	8	9	45
XI	10	46	10	47	10	49	10	51	10	55	10	55	I
45	13	32	13	34	13	37	13	39	13	41	13	44	15
30	16	22	16	25	16	27	16	30	16	33	16	35	30
15	19	17	19	20	19	23	19	26	19	29	19	32	45
X	22	16	22	20	22	23	22	26	22	30	22	33	II
45	25	21	25	25	25	29	25	33	25	37	25	40	15
30	28	33	28	37	28	42	28	46	28	50	28	54	30
15	31	53	31	57	32	2	32	6	32	10	32	15	45
IX	35	21	35	25	35	30	35	35	35	39	35	44	III
45	38	58	39	3	39	8	39	12	39	17	39	22	15
30	42	45	42	50	42	55	42	59	43	4	43	9	30
15	46	42	46	47	46	52	46	57	47	2	47	7	45
VIII	50	51	50	56	51	1	51	5	51	10	51	15	IV
45	55	11	55	16	55	21	55	25	55	30	55	34	15
30	59	43	59	47	59	52	59	66	60	0	60	4	30
15	64	25	64	29	64	33	64	37	64	41	64	44	45
VII	69	18	69	21	69	25	69	28	69	31	69	34	V
45	74	20	74	23	74	25	74	28	74	30	74	33	15
30	79	29	79	31	79	33	79	34	79	36	79	38	30
15	84	43	84	44	84	45	84	46	84	47	84	48	45
VI	90	0	90	0	90	0	90	0	90	0	90	0	VI

Des Angles faits par la Méridienne & les Lignes horaires aux Cadrans horizontaux, 46 d. 10′

Heures du Matin	Latitudes, ou Hauteurs du Pole.						Heures du Soir
	D. M.	D. M.	D. M.	D. M.	D. M.	D. M.	
	46 10	46 20	46 30	46 40	46 50	47 0	
	D. M.	D. M.	D. M.	D. M.	D. M.	D. M.	
45	2 42	2 43	2 44	2 44	2 44	2 45	15
30	5 25	5 26	5 27	5 28	5 29	5 30	30
15	8 10	8 11	8 13	8 14	8 15	8 17	45
XI	10 56	10 58	11 1	11 2	11 4	11 6	I
45	13 46	13 48	13 50	13 52	13 54	13 56	15
30	16 38	16 41	16 43	16 46	16 49	16 51	30
15	19 35	19 38	19 41	19 44	19 47	19 50	45
X	22 37	22 40	22 43	22 47	22 50	22 53	11
45	25 44	25 48	25 52	25 55	25 59	26 4	15
30	28 58	29 2	29 6	29 10	29 14	29 18	30
15	32 19	32 23	32 28	32 32	32 36	32 41	45
IX	35 48	35 53	35 58	36 2	36 6	36 11	III
45	39 26	39 31	39 36	39 40	39 45	39 50	15
30	43 14	43 19	43 23	43 28	43 33	43 37	30
15	47 12	47 16	47 21	47 26	47 30	47 35	45
VIII	51 20	51 24	51 29	51 34	51 38	51 43	IV
45	55 39	55 43	55 48	55 52	55 56	56 0	15
30	60 8	60 12	60 16	60 20	60 25	60 29	30
15	64 48	64 52	64 56	64 59	65 3	65 6	45
VII	69 37	69 41	69 44	69 47	69 50	69 53	V
45	74 35	74 37	74 40	74 42	74 45	74 47	15
30	79 39	79 41	79 43	79 44	79 46	79 48	30
15	84 49	84 49	84 50	84 51	84 52	84 53	45
VI	90 0	90 0	90 0	90 0	90 0	90 0	VI

PREMIERE

Des Angles faits par la Méridienne & les Lignes horaires aux Cadrans horizontaux.

Heures du Matin.	Latitudes, ou Hauteurs du Pole.												Heures du Soir.
	D.	M.	D.	M.	D.	M.	D.	M.	D.	M.	D.	M.	
	47	10	47	20	47	30	47	40	47	50	48	0	
	D.	M.	D.	M.	D.	M.	D.	M.	D.	M.	D.	M.	
45	2	45	2	46	2	46	2	46	2	47	2	47	15
30	5	31	5	32	5	32	5	34	5	34	5	35	30
15	8	18	8	19	8	21	8	22	8	23	8	25	45
XI	11	7	11	9	11	11	11	12	11	14	11	16	I
45	13	59	14	1	14	3	14	5	14	7	14	9	15
30	16	54	16	56	16	58	17	2	17	4	17	6	30
15	19	53	19	56	19	59	20	2	20	5	20	8	45
X	22	57	23	0	23	3	23	7	23	10	23	13	II
45	26	6	26	10	26	14	26	17	26	21	26	24	15
30	29	22	29	26	29	30	29	34	29	38	29	42	30
15	32	45	32	49	32	53	32	57	33	2	33	7	45
IX	36	15	36	20	36	24	36	28	36	33	36	37	III
45	39	54	39	59	40	4	40	8	40	12	40	17	15
30	43	42	43	47	43	51	43	56	44	1	44	5	30
15	47	40	47	44	47	49	47	54	47	58	48	2	45
VIII	51	47	51	52	51	56	52	1	52	5	52	9	IV
45	56	5	56	9	56	14	56	18	56	22	56	26	15
30	60	33	60	36	60	40	60	44	60	48	60	52	30
15	65	10	65	13	65	17	65	20	65	24	65	27	45
VII	69	56	69	59	70	2	70	5	70	8	70	10	V
45	74	50	74	52	74	55	74	57	74	59	75	1	15
30	79	50	79	51	79	53	79	54	79	56	79	57	30
15	84	54	84	54	84	55	84	56	84	57	84	57	45
VI	90	0	90	0	90	0	90	0	90	0	90	0	VI

F

Des Angles faits par la Méridienne & les Lignes horaires aux Cadrans horizontaux.

Heures du Matin	48 10		48 20		48 30		48 40		48 50		49 0		Heures du Soir
	D.	M.	D.	M.	D.	M.	D.	M.	D.	M.	D.	M.	
45	2	49	2	48	2	49	2	49	2	50	2	50	15
30	5	37	5	37	5	37	5	39	5	40	5	40	30
15	8	26	8	27	8	29	8	30	8	31	8	32	45
XI	11	17	11	19	11	21	11	23	11	25	11	26	I
45	14	12	14	14	14	16	14	18	14	20	14	22	15
30	17	9	17	12	17	14	17	17	17	20	17	22	30
15	20	11	20	13	20	16	20	19	20	22	20	25	45
X	23	17	23	20	23	23	23	26	23	30	23	33	11
45	26	28	26	32	26	35	26	39	26	42	26	45	15
30	29	46	29	49	29	53	29	57	30	1	30	4	30
15	33	10	33	14	33	18	33	22	33	26	33	31	45
IX	36	41	36	46	36	51	36	54	36	59	37	3	III
45	40	21	40	26	40	30	40	34	40	39	40	43	15
30	44	10	44	14	44	18	44	23	44	28	44	32	30
15	48	7	48	11	48	16	48	20	48	25	48	29	45
VIII	52	14	52	18	52	22	52	27	52	31	52	35	IV
45	56	30	56	34	56	38	56	42	56	47	56	50	15
30	60	56	61	0	61	4	61	7	61	11	61	14	30
15	65	30	65	34	65	37	65	40	65	44	65	47	45
VII	70	13	70	16	70	19	70	22	70	25	70	27	V
45	75	3	75	5	75	8	75	10	75	12	75	14	15
30	79	59	80	0	80	2	80	3	80	5	80	6	30
15	84	58	84	59	85	0	85	1	85	1	85	2	45
VI	90	0	90	0	90	0	90	0	90	0	90	0	VI

Des Angles faits par la Méridienne & les Lignes horaires aux Cadrans horizontaux.

Heures du Matin	Latitudes, ou Hauteurs du Pole.												Heures du Soir
	D.	M.	D.	M.	D.	M.	D.	M.	D.	M.	D.	M.	
	49	10	49	20	49	30	49	40	49	50	50	0	
	D.	M.	D.	M.	D.	M.	D.	M.	D.	M.	D.	M.	
45	2	50	2	51	2	51	2	52	2	52	2	52	15
30	5	41	5	42	5	43	5	44	5	45	5	45	30
15	8	34	8	35	8	36	8	37	8	39	8	40	45
XI	11	28	11	29	11	31	11	33	11	34	11	36	I
45	14	24	14	26	14	29	14	31	14	33	14	35	15
30	17	24	17	27	17	29	17	31	17	34	17	37	30
15	20	28	20	31	20	34	20	36	30	39	20	42	45
X	23	36	23	39	23	42	23	45	23	48	23	52	II
45	26	49	26	53	26	56	27	0	27	3	27	6	15
30	30	8	30	12	30	16	30	20	30	23	30	26	30
15	33	34	33	38	33	42	33	46	33	50	33	54	45
IX	37	7	37	11	37	15	37	19	37	23	37	27	III
45	40	47	40	51	40	56	41	0	41	4	41	8	15
30	44	36	44	40	44	45	44	49	44	53	44	57	30
15	48	33	48	38	48	42	48	46	48	50	48	55	45
VIII	52	39	52	43	52	48	52	52	52	56	53	0	IV
45	56	54	56	58	57	2	57	6	57	10	57	14	15
30	61	18	61	22	61	25	61	29	61	33	61	36	30
15	65	50	65	53	65	57	66	0	66	3	66	6	45
VII	70	30	70	33	70	35	70	38	70	41	70	43	V
45	75	16	75	18	75	21	75	23	75	25	75	27	15
30	80	8	80	9	80	11	80	12	80	14	80	15	30
15	85	3	85	4	85	5	85	5	85	6	85	7	45
VI	90	0	90	0	90	0	90	0	90	0	90	0	VI

Heures du Matin	Latitudes, ou Hauteurs du Pole.						Heures du Soir
	D. M.	D. M.	D. M.	D. M.	D. M.	D. M.	
	50 10	50 20	50 30	50 40	50 50	51 0	
	D. M.	D. M.	D. M.	D. M.	D. M.	D. M.	
45	2 53	2 53	2 54	2 54	2 55	2 55	15
30	5 46	5 47	5 48	5 49	5 50	5 50	30
15	8 41	8 42	8 44	8 45	8 46	8 47	45
XI	11 38	11 39	11 41	11 43	11 44	11 46	I
45	14 37	14 39	14 41	14 43	14 45	14 47	15
30	17 39	17 41	17 43	17 46	17 48	17 51	30
15	20 45	20 47	20 50	20 53	20 55	20 58	45
X	23 55	23 58	24 1	24 4	27 7	24 10	11
45	27 10	27 13	27 16	27 20	27 23	27 26	15
30	30 31	30 34	30 38	30 41	30 45	30 48	30
15	33 58	34 1	34 5	34 9	34 13	34 17	45
IX	37 31	37 35	37 39	37 43	37 47	37 51	III
45	41 12	41 17	41 21	41 25	41 29	41 33	15
30	45 1	45 6	45 10	45 14	45 18	45 22	30
15	48 58	49 3	49 7	49 11	49 15	49 19	45
VIII	53 4	53 8	53 12	53 16	53 20	53 23	IV
45	57 18	57 21	57 25	57 29	57 33	57 36	15
30	61 40	61 43	61 46	61 50	61 53	61 56	30
15	66 9	66 12	66 15	66 18	66 21	66 24	45
VII	70 46	70 49	70 51	70 54	70 56	70 59	V
45	75 29	75 31	75 33	75 35	75 37	75 39	15
30	80 16	80 18	80 19	80 21	80 22	80 23	30
15	85 7	85 8	85 9	85 10	85 10	85 11	45
VI	90 0	90 0	90 0	90 0	90 0	90 0	VI

SECONDE

Des hauteurs du Soleil à toutes les heures du jour, de dix en dix dégrés de chaque signe pour la latitude de quarante-trois dégrés.

Heures.	XII.		XI. I.		X. II.		IX. III.		VIII. IV.		VII. V.		VI. VI.		V. VII.		Heures.
Signes	D.	M.	D.	M.	D.	M.	D.	M.	D.	M.	D.	M.	D.	M.	D.	M.	Signes
♋	70	28	66	52	58	30	48	15	37	23	26	26	15	45	5	36	♋
10	70	5	66	33	58	13	48	1	37	9	26	12	15	30	5	20	20
20	68	59	65	36	57	25	47	17	36	28	25	30	14	46	4	33	10
♌	67	10	63	56	56	6	46	7	35	21	24	23	13	35	3	17	♊
10	64	46	61	44	54	12	44	28	33	48	22	50	12	0	1	34	20
20	61	50	59	5	51	53	42	25	31	52	20	56	10	2			10
♍	58	29	55	57	49	9	40	0	29	37	18	44	7	48			♉
10	54	50	52	28	46	7	37	14	27	4	16	16	5	19			20
20	50	58	48	49	42	50	34	19	24	21	13	38	2	41			10
♎	47	0	44	56	39	17	31	8	21	26	10	54					♈
10	43	2	41	12	35	52	28	1	18	34	8	9					20
20	39	10	37	24	32	21	24	49	15	38	5	26					10
♏	35	31	33	51	29	0	21	48	12	52	2	51					♓
10	32	10	30	36	25	58	19	0	10	19	0	29					20
20	29	14	27	42	23	17	16	32	8	4							10
♐	26	50	25	20	21	5	14	30	6	13							♒
10	25	1	23	36	19	25	12	58	4	49							20
20	23	55	22	30	18	22	12	2	3	57							10
30	23	32	22	6	18	2	11	42	3	40							♑

Des hauteurs du Soleil à toutes les heures du jour, de dix dégrés en dix dégrés de chaque signe pour la latitude de quarante-quatre dégrés.

Heures.	XII.		XI. I.		X. II.		IX. III.		VIII. IV.		VII. V.		VI. VI.		V. VII.		Heures.
Signes.	D.	M.	D.	M.	D.	M.	D.	M.	D.	M.	D.	M.	D.	M.	D.	M.	Signes.
♋	69	28	66	3	58	1	48	1	37	21	26	34	16	3	6	4	♋
10	69	5	65	45	57	44	47	46	37	6	26	20	15	48	5	47	20
20	67	59	64	46	56	54	47	1	36	24	25	37	15	3	4	59	10
♌	66	10	63	5	55	33	45	49	35	15	24	28	13	51	3	42	♊
10	63	46	60	52	53	37	44	9	33	40	22	54	12	13	2	1	20
20	60	50	58	13	51	15	42	2	31	42	20	57	10	13			10
♍	57	29	55	4	48	29	39	34	29	24	18	42	7	56			♉
10	53	50	51	33	45	24	36	46	26	47	16	11	5	25			20
20	49	58	47	53	42	6	33	47	24	2	13	30	2	44			10
♎	46	0	44	0	38	31	30	34	21	4	10	44					♈
10	42	2	40	15	35	5	27	25	18	9	7	55					20
20	38	10	36	28	31	32	24	10	15	10	5	9					10
♏	34	31	32	54	28	10	21	8	12	22	2	32					♓
10	31	10	29	39	25	7	18	19	9	48	0	7					20
20	28	14	26	44	22	25	15	49	7	31							10
♐	25	50	24	22	20	13	13	47	5	37							♒
10	24	1	22	38	18	32	12	14	4	14							20
20	22	55	21	32	17	30	11	17	3	21							10
30	22	32	21	8	17	9	10	57	3	3							♑

Des hauteurs du Soleil à toutes les heures du jour, de dix en dix dégrés de chaque signe pour la latitude de quarante-cinq dégrés.

Heures.	XII.		XI. I.		X. II.		IX. III		VIII. IV.		VII. V.		VI. VI.		V. VII.		Heures.
Signes.	D.	M.	D.	M.	D.	M.	D.	M.	D.	M.	D.	M.	D.	M.	D.	M.	Signes.
♋	68	28	65	14	57	31	47	46	37	18	26	42	16	21	6	31	♋
10	68	5	64	55	57	12	47	30	37	3	26	28	16	5	6	14	20
20	66	59	63	56	56	22	46	44	36	20	25	44	15	20	5	27	10
♌	65	10	62	14	54	59	45	30	35	10	24	33	14	6	4	7	♊
10	62	46	60	0	53	1	43	48	33	32	22	57	12	26	2	21	20
20	59	50	57	19	50	36	41	38	31	31	20	57	10	25	0	13	10
♍	56	29	54	9	47	48	39	8	29	10	18	40	8	5			♉
10	52	50	50	37	44	41	36	17	26	31	16	6	5	31			20
20	48	58	46	58	41	21	33	15	23	42	13	23	2	47			10
♎	45	0	43	4	37	45	30	0	20	42	10	32					♈
10	41	2	39	19	34	17	26	48	17	43	7	41					20
20	37	10	35	31	30	43	23	32	14	43	4	53					10
♏	33	31	31	56	27	20	20	27	11	52	2	12					♓
10	30	10	28	41	24	16	17	37	9	16							20
20	27	14	25	47	21	34	15	8	6	58							10
♐	24	50	23	24	19	21	13	3	5	3							♒
10	23	1	21	40	17	40	11	29	3	38							20
20	21	55	20	34	16	37	10	32	2	44							10
30	21	32	20	10	16	16	10	12	2	27							♑

Des hauteurs du Soleil à toutes les heures du jour, de dix en dix dégrés de chaque signe pour la latitude de quarante-six dégrés.

Heures. Signes.	XII. D. M.	XI. I. D. M.	X. II. D. M.	IX. III. D. M.	VIII. IV. D. M.	VII. V. D. M.	VI. VI. D. M.	V. VII. D. M.	Heures. Signes.
♋	67 28	64 25	56 58	47 29	37 14	26 50	16 38	6 58	♋
10	67 5	64 5	56 40	47 13	36 59	26 35	16 22	6 41	20
20	65 59	63 5	55 48	46 26	36 14	25 50	15 36	5 52	10
♌	64 10	61 24	54 23	45 10	35 2	24 38	14 21	4 32	♊
10	61 46	59 8	52 24	43 24	33 22	22 59	12 40	2 45	20
20	58 50	56 26	49 57	41 13	31 19	20 57	10 36	0 34	10
♍	55 29	53 15	47 7	38 40	28 55	18 37	8 13		♉
10	51 50	49 43	43 58	35 47	26 13	16 1	5 36		20
20	47 58	46 2	40 36	32 43	23 22	13 14	2 50		10
♎	44 0	42 8	36 59	29 25	20 19	10 21			♈
10	40 2	38 22	33 29	26 11	17 18	7 27			20
20	36 10	34 34	29 54	22 52	14 15	4 36			10
♏	32 31	30 59	26 30	19 47	11 22	1 56			♓
10	29 10	27 44	23 26	16 55	8 44				20
20	26 14	24 45	20 42	14 23	6 24				10
♐	23 50	22 27	18 29	12 19	4 29				♒
10	22 1	20 42	16 47	10 44	3 2				20
20	20 55	19 36	15 45	9 47	2 9				10
30	20 32	19 12	15 23	9 27	1 51				♑

Des hauteurs du Soleil à toutes les heures du jour, de dix en dix dégrés de chaque signe pour la latitude de quarante-sept dégrés.

Heures.	Signes.	XII.		XI. I.		X. II.		IX. III.		VIII. IV.		VII. V.		VI. VI.		V. VII.		Signes.	Heures.
		D.	M.	D.	M.	D.	M.	D.	M.	D.	M.	D.	M.	D.	M.	D.	M.		
	♋	66	28	63	34	56	25	47	12	37	10	26	57	16	55	7	25	♋	
10		66	5	63	15	56	6	46	56	36	54	26	41	16	39	7	8	20	
20		64	58	62	14	55	14	46	7	36	9	25	56	15	52	6	18	10	
	♌	63	10	60	31	53	47	44	50	34	55	24	42	14	36	4	57	♊	
10		60	46	58	15	51	46	43	3	33	13	23	1	12	52	3	8	20	
20		57	50	55	32	49	17	40	48	31	7	20	57	10	46	0	56	10	
	♍	54	29	52	21	46	25	38	12	28	40	18	35	8	22			♉	
10		50	50	48	48	43	14	35	16	25	56	15	55	5	42			20	
20		46	58	45	6	39	50	32	10	23	1	13	5	2	53			10	
	♎	43	0	41	12	36	12	28	49	19	56	10	10					♈	
10		39	2	37	25	32	40	25	34	16	52	7	13					20	
20		35	10	33	36	29	5	22	14	13	47	4	19					10	
	♏	31	31	30	2	25	40	19	6	10	52	1	34					♓	
10		28	10	26	46	22	34	16	13	8	12							20	
20		25	14	23	51	19	50	13	40	5	51							10	
	♐	22	50	21	29	17	37	11	35	3	54							♒	
10		21	2	19	44	15	55	10	0	2	27							20	
20		19	55	18	38	14	52	9	2	1	33							10	
30		19	32	18	14	14	31	8	42	1	14							♑	

Des hauteurs du Soleil à toutes les heures du jour, de dix en dix dégrés de chaque signe pour la hauteur du Pôle, quarante-huit dégrés.

Heures. Signes.	XII. D.	M.	XI. I. D.	M.	X. II. D.	M.	IX. III. D.	M.	VIII. IV. D.	M.	VII. V. D.	M.	VI. VI. D.	M.	V. VII. D.	M.	Heures. Signes.
♋	65	28	62	43	55	51	46	54	37	4	27	3	17	12	7	53	♋
10	65	5	62	23	55	32	46	37	36	48	26	47	16	56	7	34	20
20	63	59	61	24	54	38	45	47	36	2	26	1	16	8	6	43	10
♌	62	10	59	38	53	10	44	28	34	46	24	45	14	51	5	22	♊
10	59	46	57	22	51	7	42	38	33	3	23	3	13	5	3	31	20
20	56	50	54	38	48	37	40	22	30	55	20	56	10	57	1	17	10
♍	53	29	51	26	45	43	37	43	28	25	18	31	8	30			♉
10	49	50	47	53	42	30	34	44	25	37	15	48	5	48			20
20	45	58	44	10	39	4	31	36	22	40	12	56	2	56			10
♎	42	0	40	16	35	24	28	14	19	32	9	58					♈
10	38	2	36	28	31	52	24	56	16	26	6	59					20
20	34	10	32	35	28	15	21	40	13	19	4	2					10
♏	30	31	29	4	24	50	18	25	10	22	1	15					♓
10	27	10	25	48	21	43	15	31	7	40							20
20	24	14	22	53	18	59	12	57	5	17							10
♐	21	50	20	31	16	44	10	50	3	19							♒
10	20	1	18	46	15	2	9	15	1	51							20
20	18	55	17	39	13	59	8	17	0	55							10
30	18	32	17	16	13	38	7	57	0	38							♑ 30

es hauteurs du Soleil à toutes les heures du jour, de dix en dix dégrés de chaque signe pour la hauteur du Pôle, quarante-huit dégrés cinquante-une minutes.

Heures. / Signe	XII. D. M.	XI. / I. D. M.	X. / II. D. M.	IX. / III. D. M.	VIII. / IV. D. M.	VII. / V. D. M.	VI. / VI. D. M.	V. / VII. D. M.	Signes. / Heures.
♋	64 37	61 59	55 21	46 37	37 0	27 8	17 26	8 15	♋
10	64 14	61 39	55 2	46 20	36 43	26 52	17 10	7 57	20
20	63 8	60 38	54 7	45 29	35 56	26 5	16 21	7 6	10
♌	61 19	58 54	52 38	44 9	34 39	24 48	15 2	5 44	♊
10	58 55	56 56	50 34	42 17	32 53	23 4	13 16	3 51	20
20	55 59	53 52	48 2	39 59	30 43	20 55	11 6	1 35	10
♍	52 38	50 39	45 6	37 19	28 11	18 28	8 37		♉
10	48 59	47 6	41 52	34 18	25 22	15 44	5 52		20
20	45 7	43 22	38 25	31 7	22 22	12 48	2 58		10
♎	41 9	39 27	34 44	27 43	19 12	9 48			♈
10	37 11	35 40	31 10	24 24	16 4	6 46			20
20	33 19	31 51	27 33	21 1	12 55	3 47			10
♏	29 40	28 15	24 7	17 50	9 56	0 58			♓
10	26 19	24 59	21 0	14 55	7 13				20
20	23 23	22 4	18 15	12 20	4 47				10
♐	20 59	19 41	16 0	10 13	2 49				♒
10	19 10	17 57	14 18	8 37	1 2				20
20	18 4	16 50	13 14	7 38	0 2				10
30	17 41	16 27	12 53	7 18	0 7				♑

Des hauteurs du Soleil à toutes les heures du jour, de d... en dix dégrés de chaque signe pour la hauteur du Pôle... cinquante dégrés.

Heures.	XII.		XI. I.		X. II.		IX. III.		VIII. IV.		VII. V.		VI. VI.		V. VII.		Signes.
Signes.	D.	M.	D.	M.	D.	M.	D.	M.	D.	M.	D.	M.	D.	M.	D.	M.	
♋	63	28	60	59	54	40	46	14	36	52	27	14	17	45	8	45	♋
10	65	5	60	39	54	20	45	56	36	36	26	57	17	28	8	28	2
20	61	59	59	37	53	25	45	4	35	46	26	9	16	40	7	35	1
♌	60	10	57	52	51	34	43	42	34	28	24	51	15	18	6	11	♊
10	57	46	55	34	49	47	41	48	32	40	23	5	13	30	4	18	20
20	54	50	52	49	47	14	39	26	30	27	20	11	11	17	2	0	10
♍	51	29	49	35	44	16	36	44	27	52	18	23	8	46			♉
10	47	50	46	1	41	0	33	41	25	0	15	36	5	58			20
20	43	58	42	18	37	31	30	28	21	57	12	38	3	1			10
♎	40	0	38	22	33	49	27	2	18	44	9	34					♈
10	36	2	34	34	30	14	23	40	15	34	6	30					20
20	32	10	30	45	26	35	20	15	12	22	3	28					10
♏	28	31	27	9	23	8	17	3	9	21	0	36					♓
10	25	10	23	53	20	1	14	6	6	36							20
20	22	14	20	58	17	15	11	30	4	10							10
♐	19	50	18	35	14	59	9	22	2	9							♒
10	18	1	16	50	13	17	7	45	0	39							20
20	16	55	15	43	12	13	6	46									10
30	16	32	15	20	11	52	6	26									♑

Latitude des principales Villes de la France & Frontieres.

	Dég.	Min.	Sec.
Abbeville.	50	7	1
Agde.	43	18	57
Agen.	44	12	7
Aix en Provence.	43	31	35
Albi.	43	55	44
Alençon.	48	25	0
Amiens.	49	53	38
Angers.	47	28	8
Angoulême.	45	36	3
Arles.	43	40	33
Arras.	50	17	30
Avignon.	43	57	25
Avranches	48	41	18
Aurillac.	44	55	10
Auch.	43	38	46
Autun.	46	56	46
Auxerre.	47	47	54
Bafle.	47	55	0
Bayeux.	49	16	30
Bayonne.	43	29	21
Beauvais.	49	26	2
Befançon.	47	13	45
Beziers.	43	20	41
Blois.	47	35	19
Bordeaux.	44	50	18
Boulogne en Picardie.	50	43	31

	Dég.	Min.	Sec.
Bourg-en-Bresse.	46	12	30
Bourges.	47	4	58
Brest.	48	23	0
Bruxelles.	50	51	0
Caen.	49	11	10
Cahors.	44	26	4
Calais.	50	57	31
Cambrai.	50	10	30
Castres.	43	37	10
Châlons-sur-Marne.	48	57	12
Châlons-sur-Saône.	46	46	50
Chartres.	48	26	49
Cherbourg	49	38	26
Clermont en Auvergne. . . .	45	46	45
Condom.	43	57	55
Coutances.	49	2	50
Dax.	43	42	23
Dieppe.	49	55	17
Dijon.	47	19	22
Dol en Bretagne.	48	33	9
Dunkerque.	51	2	4
Embrun.	44	34	0
Evreux.	49	1	24
La Fleche.	47	42	0
Fréjus.	43	26	3
Gap	44	35	9
Geneve.	46	12	0
Granville.	48	50	11

	Dég.	Min.	Sec.
Grenoble.	45	11	49
Langres.	47	52	17
Laon.	49	33	52
Liege.	50	36	0
Lille en Flandre.	50	37	50
Limoges.	45	49	53
Lifieux .	49	11	0
Luçon.	46	27	14
Lyon.	45	45	51
Marfeille.	43	17	45
Meaux .	48	57	37
Mende .	44	30	47
Metz.	49	7	5
Moulins.	46	34	4
Nanci.	48	41	28
Nantes .	47	13	17
Nevers .	46	59	13
Nîmes.	43	50	35
Noyon .	49	34	37
Orléans .	47	54	4
Paris.	48	50	10
Pau .	43	15	0
Périgueux .	45	11	10
Perpignan .	42	41	55
Pézénas.	43	26	40
Poitiers .	46	35	0
Le Puy .	45	25	2
Quimper.	47	58	24

	Dég.	Min.	Sec.
Rheims.	49	14	36
Rennes	48	6	55
La Rochelle.	46	9	43
Rodez	44	21	0
Rouen.	49	26	23
Saintes	45	44	43
Saint-Brieux.	48	31	21
Saint-Flour.	45	1	55
Saint-Malo.	48	38	59
Saint-Omer	50	44	46
Saint-Paul-de-Léon.	48	40	55
Séez.	48	36	21
Senlis	49	12	23
Sens.	48	11	56
Siftéron.	44	11	21
Soiffons.	49	22	32
Tarbes	43	14	2
Toul.	48	40	27
Touloufe.	43	35	54
Toulon.	43	7	24
Tours.	47	23	44
Tréguier.	48	46	45
Troies.	48	18	2
Vannes	47	39	14
Vence.	43	43	16
Verdun.	49	9	18
Verfailles.	48	48	18
Viviers.	44	28	54

F I N.

Planche I.re

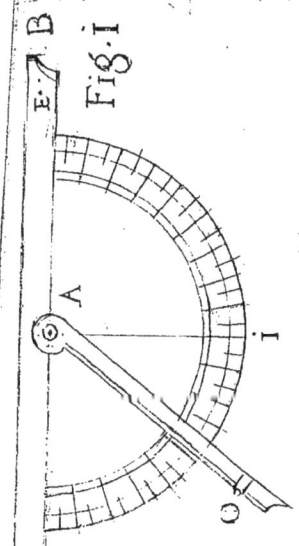

Fig. 1

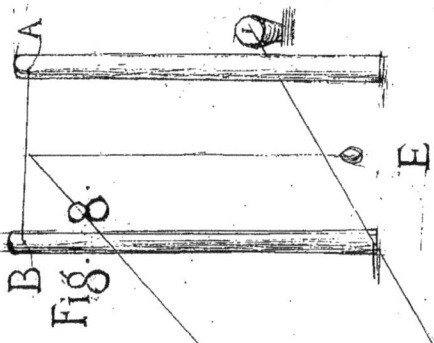

Fig. 8

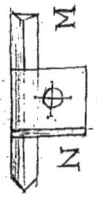

Fig. 4

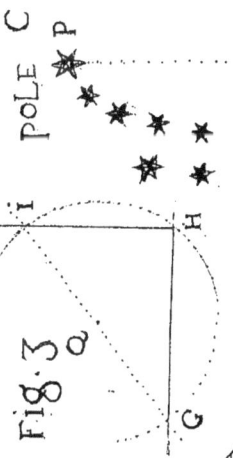

Fig. 3

POLE

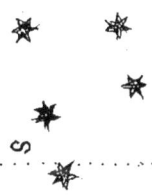

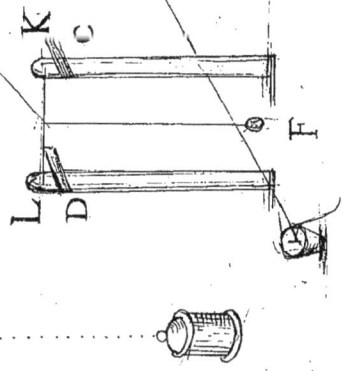

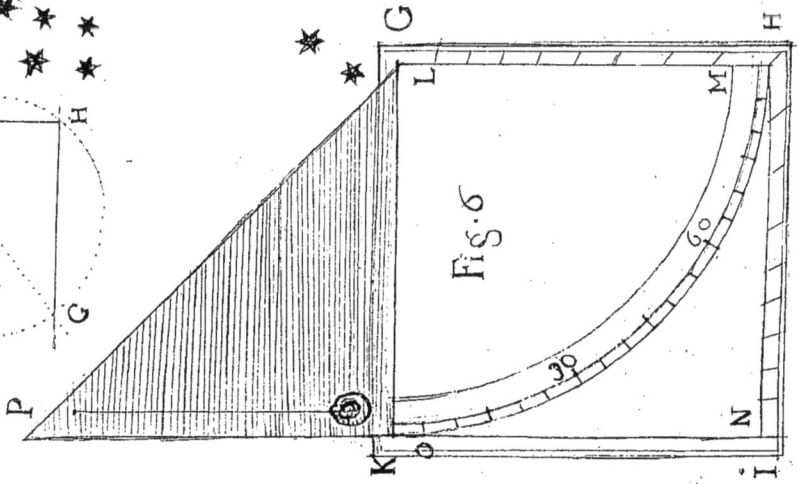

Fig. 6

30°

60°

Pl.2.

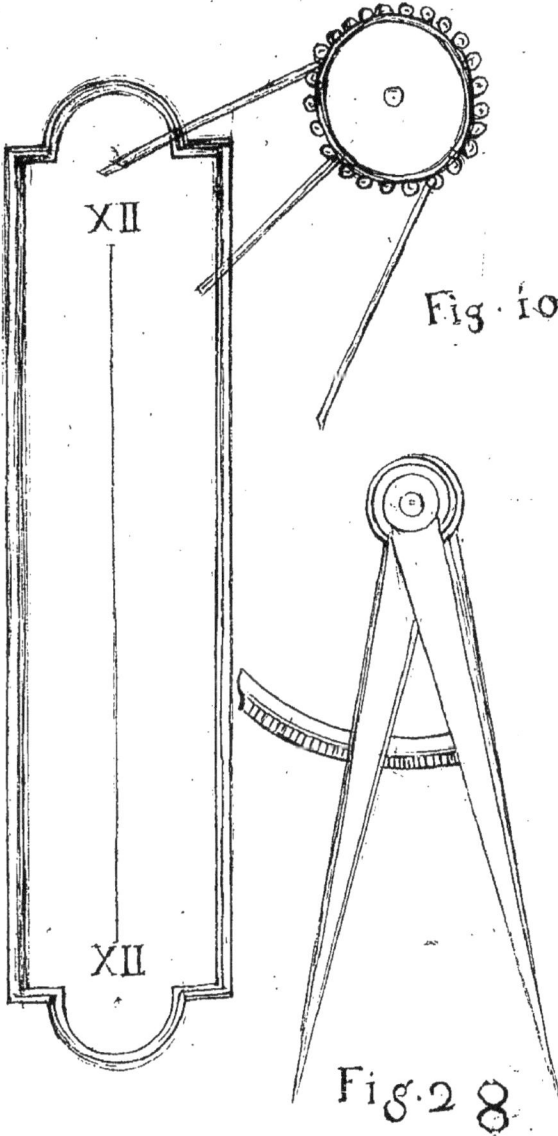

Fig · 10

XII

XII

Fig·2 8

Pl. 3.

Fig. II.

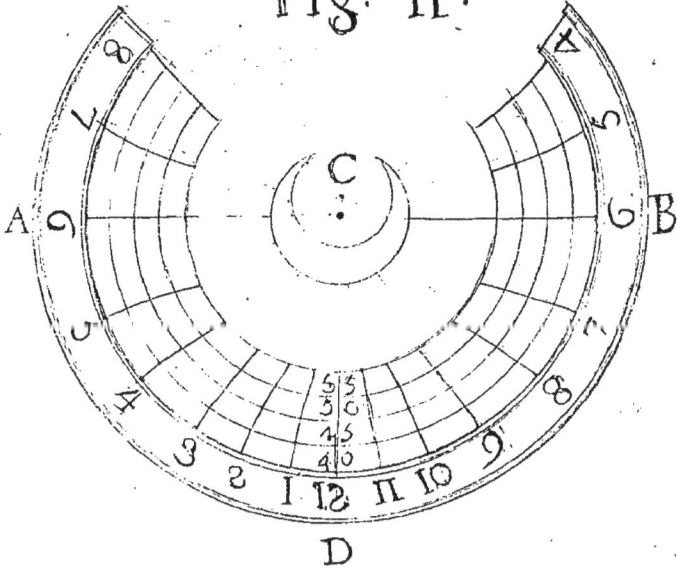

A   C   B

5 3
3 0
2 5
4 0

D

Fig 7

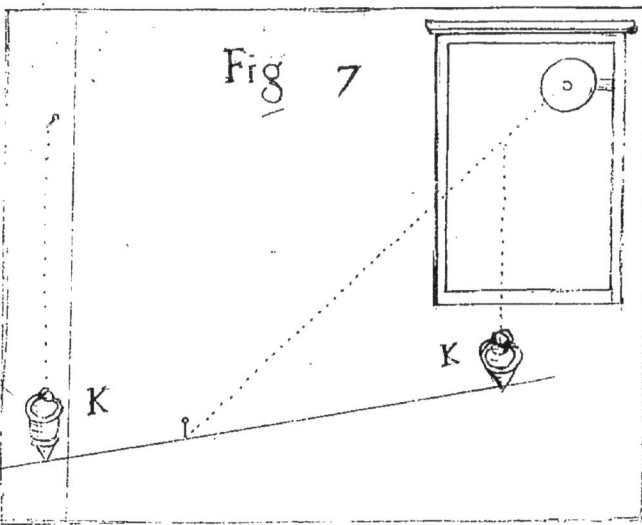

K   K

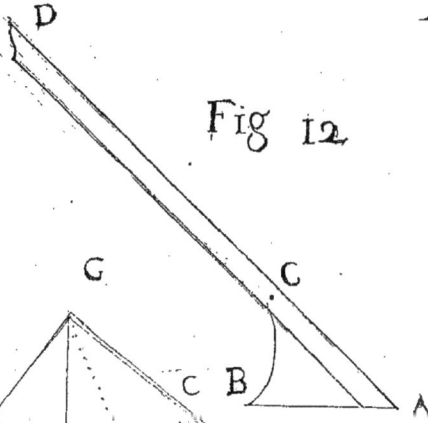

Pl. 4.

Fig 12.

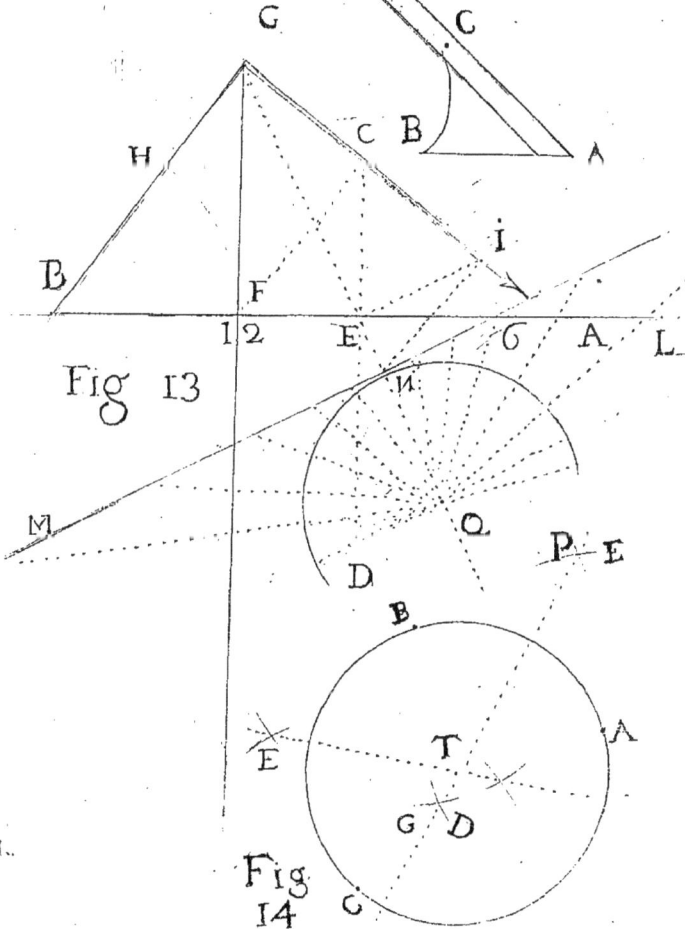

G   C

H   C   B

B   i

Fig 13   12   F   E   G   A   L

M

Q   P E

D

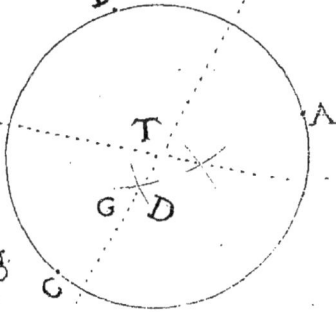

B

E   T   A

G   D

Fig
14   C

Pl. 5.

Fig 15

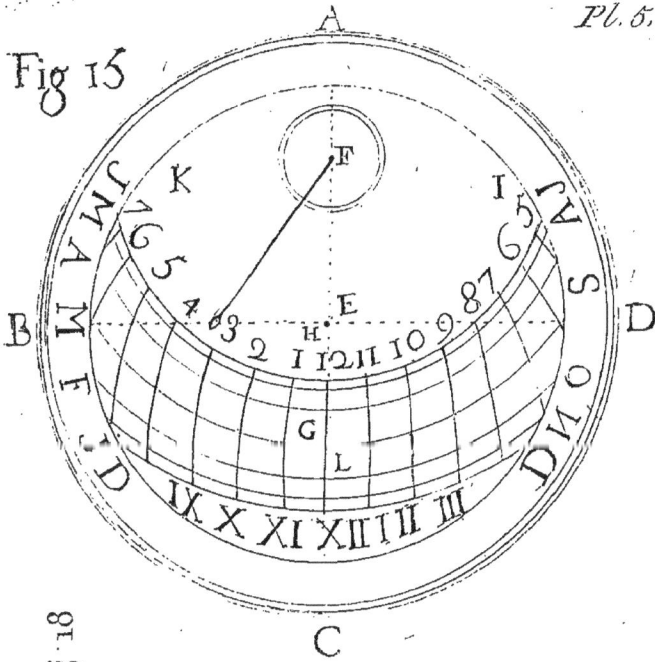

A

K
F
I

B
E
H
D

G
L

IX X XI XII I II III

C

Fig 18

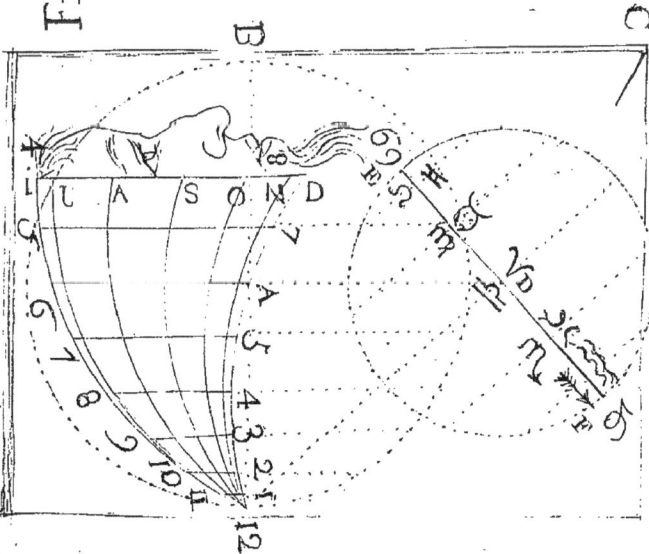

B
C

Pl. 6.

Fig. 17

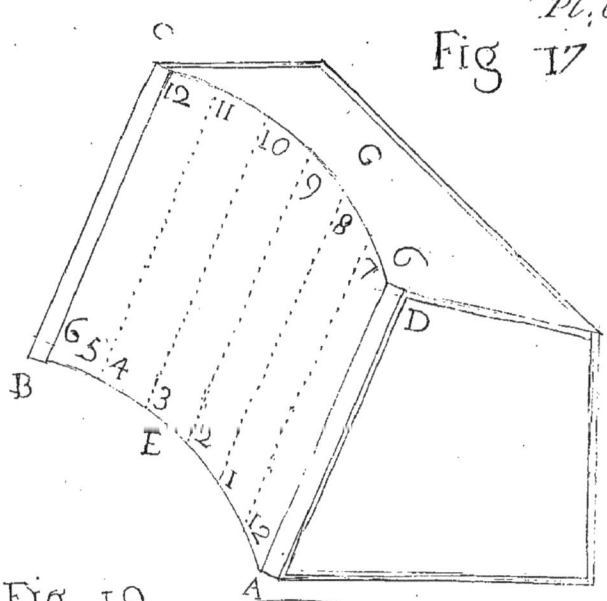

Fig. 19

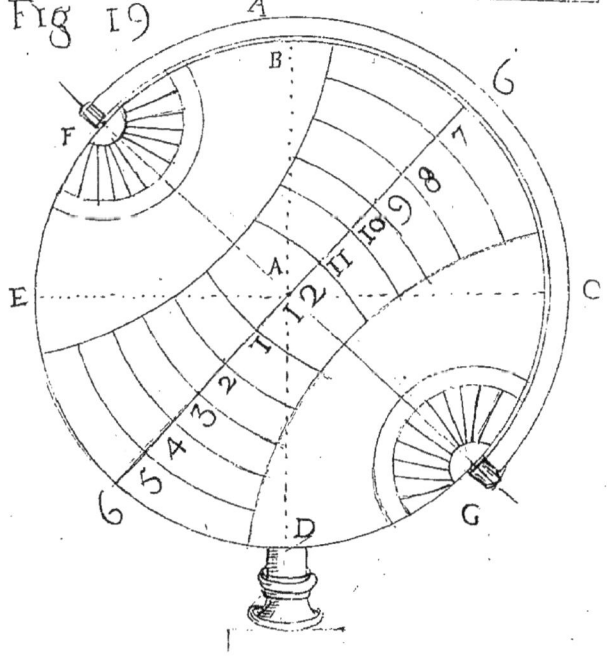

Pl. 7.

Fig. 20.

www.ingramcontent.com/pod-product-compliance
Lightning Source LLC
Chambersburg PA
CBHW060615100426
42744CB00008B/1412